SOLUTIONS RAISONNÉES

DES

PROBLÈMES

ET

EXERCICES D'APPLICATION,

dont les énoncés sont donnés

DANS LE COURS D'ARITHMÉTIQUE (1re ÉDITION),

PAR J. KIÆS.

ARRAS,

TYPOGRAPHIE ET LITHOGRAPHIE D'ALPHONSE BRISSY,
Rue des Capucins, 22.

MDCCCLVI.

SOLUTIONS RAISONNÉES

DES

PROBLÈMES

ET

EXERCICES D'APPLICATION,

dont les énoncés sont donnés

DANS LE COURS D'ARITHMÉTIQUE (1re ÉDITION),

PAR J. KIÆS.

ARRAS,

TYPOGRAPHIE ET LITHOGRAPHIE D'ALPHONSE BRISSY,

Rue des Capucins, 22,

—

MDCCCLVI.

PREMIÈRE PARTIE.

EXERCICES SUR LA NUMÉRATION.

1º 45 mille, 32 unités.

 3 millions, 48 unités.

 2 billions, 40 millions, 60 mille, 892 unités.

 6 billions, 500 millions, 8 unités.

54 unités, 3 mille 283 dix-millièmes.

 3 unités, 24 millièmes.

300 unités, 42 millièmes.

 3 unités, 4 mille 284 millionièmes.

56 centièmes.

32 dix-millièmes.

4 mille 32 dix-millionièmes.

2º	
3225	2,03
32044	5,0026
3025004	5380,38325
37000229	0,428
8000004	0,0025
22000003005	0,003427
38000033000	30,22003422
32,53	

3° 32,056 rendu   10 fois plus grand devient   320,56.
»   100   »   3205,6.
»   1000   »   32056.
›   10000   ⁃ »   320560.
»   10 fois plus petit   3,2056.
»   100   »   0,32056.
»   10000   »   0,0032056.
4° 0,028   rendu   10 fois plus grand devient   0,28.
»   100   »   2,8.
»   10000   »   280.
»   10 fois plus petit   0,0028.
»   1000 fois plus petit   0,000028.

5° Le chiffre 6 par rapport à 7 exprime des dizaines, par rapport à 4, il exprime des mille, par rapport à 3, il exprime des dixièmes ; 4 par rapport à 7 exprime des centièmes, par rapport à 2, il exprime des dizaines ; 3 par rapport à 2, exprime des centaines de mille.

EXERCICES SUR L'ADDITION.

6° $3274 + 6429 + 3248 = 12951.$
$2467 + 328 + 65 + 6429 = 9289.$
$64,26 + 235,47 + 66,39 = 366,12.$
$6,374 + 2,35 + 67,34 = 76,064.$
$0,29 + 37,068 + 0,004 = 37,362.$
$36,0029 + 0,4 + 0,00679 + 32,08 = 68,48969.$

PROBLÈMES SUR L'ADDITION.

7° $162 + 208 + 170 + 199 = 739.$
RÉP. 739 hommes.

8º $158,35 + 208,50 + 295,25 = 622,10$.

RÉP. 662^m, 10.

9º $500 + 250 + 218 + 148 + 350 = 1466^{fr}$.

RÉP. 1466 francs.

10º $49 + 38 + 42 = 129$.

RÉP. 129 lieues.

11º Une personne née en 1825 aura 64 ans 64 ans plus tard, c'est-à-dire en $(1825 + 64)$, ou en 1889.

12º Pour le nombre des objets, on aura :
$$35 + 12 + 78 = 125.$$

Et pour la somme dépensée :
$$24^f,75 + 19^f,05 + 72^f,95 = 116^f,75.$$

13º Il est clair qu'il suffit d'ajouter la somme de ses recettes avec la somme qu'elle avait en caisse ; on obtient ainsi :
$$3285,75 + 328,85 + 2429 + 8435,75 = 14479^{fr}, 35.$$

14º $25,25 + 38,3 + 95,72 + 49,35 + 89,30 = 297^m, 92$.

Le champ a un pourtour de 297^m, 92.

15º Pour apporter le second fagot sur le premier, la personne devra faire 12 mètres pour aller et 12 mètres pour revenir, c'est-à-dire 24 mètres ; pour aller chercher le troisième qui est plus éloigné de 12 mètres, elle devra faire 12 mètres de plus pour aller et 12 mètres de plus pour revenir ; en tout 24 mètres de plus que pour aller chercher le second, elle devra donc faire en tout $24 + 24$ ou 48 mètres pour apporter le troisième fagot sur le premier ; en raisonnant de la même manière, on voit qu'elle sera obligée de parcourir $48^m + 24 = 72^m$ pour aller chercher le 4º.

$$72^m + 24 = 96. \quad \ldots \ldots \ldots \text{ le } 5^e.$$
$$96^m + 24 = 120. \quad \ldots \ldots \ldots \text{ le } 6^e.$$
$$120^m + 24 = 144. \quad \ldots \ldots \ldots \text{ le } 7^e.$$
$$144^m + 24 = 168. \quad \ldots \ldots \ldots \text{ le } 8^e.$$
$$168^m + 24 = 192. \quad \ldots \ldots \ldots \text{ le } 9^e.$$
$$192^m + 24 = 216. \quad \ldots \ldots \ldots \text{ le } 10^e.$$

Le chemin total parcouru sera donc égal à :
$$24 + 48 + 72 + 96 + 120 + 144 + 168 + 192 + 216 = 1080^m.$$

16º Le 1er jour, le piéton fait   4 lieues.

Le 2º jour, il fait $4^l, + 1,5 = 5^l,5$.

Le 3e jour, il fait $5^l,5 + 1,5 = 7^l,0$.
Le 4e jour, $7^l, + 1,5 = 8^l,5$.
Le 5e jour, $8^l,5 + 1,5 = 10^l$.

Il aura donc fait en tout $4 + 5, 5 + 7 + 8,5 + 10 = 35$ lieues.

EXERCICES SUR LA SOUSTRACTION.

17° $3836 — 1754 = 2082$.
       $2947 — 628 = 2319$.
       $37029 — 8495 = 28534$.
       $20005 — 8214 = 11791$.
       $232,54 — 15,28 = 217,26$.
       $334,249 — 53,46 = 280,789$.
       $825,007 — 6,29 = 818,717$.
       $5,00042 — 0,0193 = 4,98112$.
       $62,45 — 4,327 = 58,123$.
       $6,324 — 0,04285 = 6,28115$.
       $32 — 7,307 = 24,693$.

PROBLÈMES SUR LA SOUSTRACTION.

18° $422540 — 52480 = 370060$.
Cette personne possède 370060 francs.
19° $65 — 32,25 = 32^m, 75$.
Il lui reste à faire $32^m, 75$.
20° $1855 — 23 = 1832$.
La personne est née en 1832.
21° $560 — 227 = 333$.
Il lui reste encore à faire 333 lieues.
22° $42 — 28,75 = 13,25$.
On doit encore $13^f, 25$.

PROBLÈMES DE RÉCAPITULATION
SUR L'ADDITION ET LA SOUSTRACTION.

23º Les recettes avec la somme en caisse valent :
$$542 + 484 + 72 + 498 = 1596^{fr}.$$
Le montant des dépenses s'élève à :
$$648 + 597 = 1245^{fr}.$$
Il reste donc à cette personne $1596 - 1245 = 351$ francs.

24º Le nombre des hommes détachés du régiment s'élève à $164 + 148 + 136 = 448$; il y en avait 2665, il en reste donc $2665 - 448 = 2207$.

25º Quand le soldat aura fait ses quatre premières étapes, il aura parcouru $7 + 8 + 6 + 10 = 31$ lieues; il en a 78 à parcourir, il lui en restera donc à faire $78 - 31 = 47$.

26º Si la personne a 26 ans en 1855, elle aura 48 ans dans $48 - 26$ ou 22 ans, c'est-à-dire en $1855 + 22$ ou 1877.

27º Le montant des dépenses est égal à $32,25 + 10,60 + 7,25 + 3,75 = 53^f, 85$; comme la compagnie verse par jour, 54,50, il lui restera en boni $54,50 - 53,85 = 0^f, 65$.

28º La personne a vécu 33 ans avant son mariage, 22 ans après, en tout 55 ans; elle est morte en 1855, elle est donc née en 1800.

29º Le domestique a reçu en argent $122^f, + 219^f, = 341^f$; comme on lui en devait 362, la différence $362 - 341 = 21^{fr}$ représente le prix de l'habit.

⋅⋅⋅

EXERCICES SUR LA MULTIPLICATION.

30º
$$2749 \times 6 = 16494.$$
$$34065 \times 8 = 272520.$$

$$3640009 \times 9 = 32760081.$$
$$3674 \times 396 = 1454904.$$
$$6704 \times 2347 = 15734288.$$
$$3296 \times 508 = 1674368.$$
$$8904 \times 6007 = 53486328.$$
$$32600 \times 428 = 13952800.$$
$$3800 \times 490 = 1862000.$$
$$5068000 \times 800900 = 4058961200000.$$
$$465,29 \times 54,6 = 25404,834.$$
$$5,006 \times 3,07 = 15,36842.$$
$$9,604 \times 0,67 = 6,43468.$$
$$0,429 \times 0,67 = 0,28743.$$
$$0,0067 \times 0,034 = 0,0002278.$$
$$426 \times 0,1 = 42,6.$$
$$429 \times 0,01 = 4,29.$$
$$422,85 \times 0,01 = 4,2285.$$
$$0,029 \times 0,1 = 0,0029.$$
$$48 \times 9 \times 2 \times 5 \times 8 = 34560.$$
$$5 \times 9 \times 4 \times 15 \times 6 \times 25 \times 8 = 3240000.$$
$$4 \times 7 \times 9 \times 25 \times 3 \times 8 \times 5 = 756000.$$

31º $5^2 = 25.$ — $38^2 = 1444.$ — $3,2^2 = 10,24.$ — $702^2 = 492804.$ — $23,048^2 = 531,210304.$ — $0,06^2 = 0,0036.$ — $0,008^2 = 0,000064.$ — $1^2 = 1.$ — $0,1^2 = 0,01.$ — $0,01^2 = 0,0001.$

32º $5^3 = 125.$ — $38^3 = 54872.$ — $3,2^3 = 32,768.$ — $702^3 = 345948408.$ — $23,048^3 = 12243,335086592.$ — $0,06^3 = 0,000216.$ — $0,008^3 = 0,000000512.$ — $1^3 = 1.$ — $0,1^3 = 0,001.$ — $0,01^3 = 0,000001.$

33º $5^4 = 625.$ — $38^4 = 2085136.$ — $3,2^4 = 104,8576.$ — $702^4 = 242855782416.$ — $23,048^4 = 282184,387075772416.$ — $0,06^4 = 0,000001296.$ — $0,008^4 = 0,000000004096.$ — $1^4 = 1.$ — $0,1^4 = 0,0001.$ — $0,01^4 = 0,00000001.$

34º $3^5 = 243$ — $0,2^5 = 0,00032.$ — $0,01^5 = 0,0000000001.$

35º $2^{10} = 1024.$

PROBLÈMES SUR LA MULTIPLICATION.

36° $17 \times 26 = 442$.

Rép. 26 mètres coûteront 442 fr.

37° $8 \times 10 = 80$.

Rép. L'ouvrier fera 80 mètres.

38° $80 \times 15 = 1200$.

Rép. Il aura fait 1200 mètres.

39° Un seul ouvrier, faisant 8 mètres d'ouvrage par heure, en fera 8×10 ou 80 dans une journée de 10 heures, et par suite 80 $\times$ 15 ou 1200 dans 15 journées de 10 heures ; 32 ouvriers dans les mêmes conditions feront donc 1200×32 ou 38400 mètres.

40° Le prix du mètre étant 0,025, le prix à payer aux ouvriers pour tout l'ouvrage sera $0,025 \times 38400 = 960$ fr.

41° Sur les douze rayons d'une armoire, il y a $78 \times 12 = 936$ volumes, dans les 8 armoires, il y en a $936 \times 8 = 7488$, et par suite dans les 5 chambres, il y en a $7488 \times 5 = 37440$.

42° Comme il y a 12 mois dans un an, cette personne gagne dans un an, $145 \times 12 = 1740$ fr., et par suite, dans 6 ans, elle gagnera $1740 \times 6 = 10440$ fr.

43° Il y a $365 \times 18 = 6570$ jours.

PROBLÈMES DE RÉCAPITULATION

SUR L'ADDITION, LA SOUSTRACTION ET LA MULTIPLICATION.

44° Dans deux ans, il y a $365 \times 2 = 730$ jours, avec les 48 jours en plus, cela donne $730 + 48 = 778$ jours.

45° Puisque le jour vaut 24 heures, dans 8 jours + 15 heures, il y a $24 \times 8 + 15 = 192 + 15 = 207$ heures ; puisque l'heure vaut 60 minutes, dans 207 heures 42 minutes, il y a

$207 \times 60 + 42 = 12462$ minutes ; puisque la minute vaut $60''$, dans 12462 minutes et 24 secondes, il y a $12462 \times 60 + 24 = 747720 + 24 = 747744$ secondes.

46º Le prix des 26 moutons est $27,45 \times 26 = 713^f, 70$;

Le prix des 8 bœufs est $347,75 \times 8 = 2782^f, 00$;

La personne a donc reçu $713^f, 70 + 2782^f, 00 = 3495^f, 70$; comme sur cette recette, elle a dépensé $1275^f, 80$, il lui reste $3495^f, 70 - 1275^f, 80 = 2219^f, 90$.

47º Puisque sur chaque kilogramme, on a gagné 2 fr., sur 628 kilog. on a gagné $2 \times 628 = 1256$ fr. ; puisque le tout, bénéfice compris, a été vendu 7536 fr., on a acheté la marchandise, $7536 - 1256 = 6280$ fr.

48º Les 12 ouvriers ont employé $8 \times 9 = 72$ heures pour faire l'ouvrage ; il est clair qu'un ouvrier travaillant seul emploierait 12 fois plus de temps ou $72 \times 12 = 864$ heures.

49º Il y en aura $12 \times 6 = 72$.

50º On aura $10 \times 10 = 100$ petits carrés.

51º Il y en a $40 \times 28 = 1120$.

52º Chaque degré valant 25 lieues, les 360 degrés qui forment le tour de la terre donneront $25 \times 360 = 9000$ lieues.

53º Puisque chaque jour la compagnie augmente son boni de 0,26 centimes, en quinze jours, elle l'aura augmenté de $0,26 \times 15 = 3^f, 90$; comme ce boni était d'abord de $105^f, 75$, il devient $105^f, 75 + 3^f, 90 = 109^f, 60$.

54º Chacun des 215 hommes versant $0^f, 38^c$ à l'ordinaire, la recette journalière est de $0^f,38 \times 215 = 81^f, 70$, et par suite dans 12 jours, la somme versée est $81^f, 70 \times 12 = 980^f, 40$. — Dans ces 12 jours on a dépensé pour la viande $789, 55 \times 0^f, 72 = 568^f, 476$, pour le pain $209^f, 60 \times 0,38 = 79^f, 648$, et pour le reste $41^f, 25$; on a donc dépensé en tout $568,476 + 79,648 + 41,25 = 689^f,374$. L'excès de la recette sur la dépense est donc $980^f, 40 - 689^f,374 = 291^f,026$; comme le boni était d'abord de $142^f, 25$, ce boni est devenu $142^f, 25 + 291^f,026 = 433^f,276$.

55º Elle a revendu 18 objets pour $108 \times 18 = 1944^{fr}$., 15 autres pour $82^f, 50 \times 15 = 1237^f, 50$; comme elle avait

48 objets, il en reste 48 — 33 = 15 qui ont été vendus 92^f, 25 × 15 = 1383^f 75 ; le tout a donc été revendu pour 1944^f + 1237^f 50 + 1383^f, 75 = 4565^f, 25 ; comme les objets ne lui ont coûté que 3640 ^{f}, elle a gagné 4565^f, 25 — 3640^f = 925^f,25.

56° Les 8 premières étapes représentent un trajet de 7 × 8 = 56 lieues, les 6 suivantes, un trajet de 6, 25 × 6 = 37^l, 50, les 3 suivantes, un trajet de 9^l, 50 × 3 = 28^l, 50, les 2 suivantes, un trajet de 10 × 2 = 20 lieues, et la dernière, un trajet de 11 lieues ; la route à parcourir est donc de 56 + 37,50 + 28,50 + 20 + 11 = 153 lieues ; comme la troupe en a déjà parcouru 72,25, il lui en reste encore à parcourir 153 — 72,25 = 80,75.

EXERCICES SUR LA DIVISION.

57°   45867 : 6 = 7644, et il reste 3.

32046008 : 8 = 4005751.

23456 : 71 = 330, et il reste 26.

$$\frac{2376498}{3164} = 751,\ \text{et il reste } 334.$$

$$\frac{37896543}{4269} = 8877,\ \text{et il reste } 630.$$

$$\frac{5846893}{68} = 85983,\ \text{et il reste } 49.$$

$$\frac{20046709}{698} = 28844,\ \text{et il reste } 129.$$

$$\frac{246878}{497} = 496,\ \text{et il reste } 366.$$

$$\frac{8967432}{3964} = 2262,\ \text{et il reste } 864.$$

$$\frac{3567894}{295} = 12094,\ \text{et il reste } 164.$$

$$\frac{3005674}{192} = 15654,\ \text{et il reste } 106.$$

$$\frac{26543269}{1996} = 13298,\ \text{et il reste } 461.$$

$$\frac{5643296000}{3264} = 1728950, \text{ et il reste } 3200.$$

$$\frac{2085643000}{87600} = 23808, \text{ et il reste } 62200.$$

$$\frac{5643690}{284000} = 19, \text{ et il reste } 247690.$$

$$\frac{67432,189}{267} = 252,555, \text{ et il reste } 0,004.$$

$$\frac{67896,435}{32,6} = 2082,71, \text{ et il reste } 0,89.$$

$$\frac{29437,896}{2,456} = 11986, \text{ et il reste } 280.$$

$$\frac{268439,76}{3,248} = 82647, \text{ et il reste } 2304.$$

$$\frac{65432,36}{3,543} = 18468, \text{ et il reste } 236.$$

$$\frac{548964}{3,26} = 168393, \text{ et il reste } 282.$$

$$\frac{42,6897}{5,38} = 7,93, \text{ et il reste } 2,63.$$

$$\frac{42,6897}{53,8} = 0,793, \text{ et il reste } 0,263.$$

$$\frac{678,32}{9746,8} = 0,06, \text{ et il reste } 935,12.$$

$3,897 : 462,3 = 0,008$, et il reste $1,986$.

$0,68 : 3,698 = 0,18$, et il reste $14,36$.

$0,0046 : 58 = 0,000079$, et il reste $0,000018$.

$0,98 : 8 = 0,12$, et il reste $0,02$.

$346 : 0,01 = 34600$.

$0,49 : 0,001 = 490$.

$1 : 0,01 = 100$.

$0,01 : 0,0001 = 100$.

$5 : 100 = 0,05$.

58° $\quad 6,22 < 56 : 9 < 6,23$.

$$4,08 < \frac{49}{12} < 4,09.$$

$$0,66 < \frac{2}{3} < 0,67.$$

$$0,63 < \frac{56,27}{89} < 0,64.$$

$$93,28 < \frac{326,496}{3,5} < 93,29.$$

$$14921,29 < \frac{36849,63}{2,4696} < 14921,30.$$

$$8,90 < \frac{322,468}{36} < 8,91.$$

$$8,05 < \frac{264,3296}{32,8} < 8,06.$$

$$881,23 < \frac{2,6437}{0,003} < 881,24.$$

PROBLÈMES SUR LA DIVISION.

59° Chaque personne aura 189216 : 36 ou 5256 fr.

60° Il revient à chaque enfant, 328940 : 4 ou 82235 fr.

61° Le prix du mètre doit être tel que multiplié par 338, il donne pour produit le prix total 7842^{fr}, 50. — Ce prix sera donc le quotient de 7842, 50 par 338 ou 23^{fr}, 20.

62° On pourra faire autant de draps que 6 est contenu de fois dans 342, c'est-à-dire 57.

63° La quantité d'ouvrage faite par jour est égale à $\frac{3960^m}{15}$ ou 264 mètres.

64° Chaque ouvrier a fait $\frac{384^m}{32}$ ou 12 mètres.

PROBLÈMES DE RÉCAPITULATION

SUR LES QUATRE OPÉRATIONS FONDAMENTALES.

65° Si du poids de la caisse avec les marchandises on retranche le poids de la caisse, le reste 375^k — 17^k = 358^k

représentera le nombre de kilogrammes de marchandises. — Si du prix total on retranche le prix de la caisse, le reste 2365^f — 18^f, 50 = 2346^f, 50 représentera le prix de ces 358^k ; le prix de chaque kilo sera donc égal à 2346^f, 50 : 358 ou à 6^{fr}, 55.

66º Si cette personne ne voulait rien mettre de côté, sa dépense journalière serait 4680 : 365 = 12^{fr}, 82 ; mais comme elle veut mettre de côté chaque jour 2^{fr}, 50, cette dépense sera 12^{fr}, 82 — 2^{fr}, 50 = 10^{fr}, 32.

67º Pour parcourir 25345 mètres, elle mettra autant de minutes que 85 est contenu de fois dans 25345, c'est-à-dire 25345 : 85 = 298^m ; sachant le nombre de minutes qu'elle emploie, et sachant qu'il faut 60′ pour faire une heure, pour avoir le nombre d'heures demandé, il suffit de diviser 298 par 60 ; on obtient : 298 : 60 = 4^h, 58′.

68º En divisant 3245^h par le nombre 24 d'heures qui représentent un jour, on obtient 135 jours et il reste encore 5^h ; donc 3245^h = 135 jours 5 heures.

69º En divisant 2345 par le nombre 60 de minutes qui forment une heure, on trouve 2345′ = 39^h, + 5′.

70º En divisant 52345′ par le nombre 60 de minutes qui forment une heure, on trouve que 52345′ valent 872^h et il reste 25′ ; ce nombre d'heures 872 divisé par 24 donnera le nombre de jours correspondant ; on trouve ainsi : 872 : 24 = 36^j + 8^h, donc 52345′ = 36^j + 8^h + 25′.

71º En divisant 3552″ par le nombre 60 de secondes qui forment une minute, on trouve que 3552″ valent 59′ et il reste 12″.

72º En divisant 6582429″ par le nombre 60 de secondes qui forment une minute, on trouve que 6582429″ valent 109707′ et 9″ ; ce nombre de minutes 109707′ peut être converti en heures de la même manière ; on trouve ainsi que 109707′ valent 1828^h + 27′ ; au lieu du nombre d'heures 1828, on peut prendre le nombre équivalent de jours, il suffit de diviser ce nombre par 24 ; on obtient ainsi 1828^h = 76^j + 4^h. On a donc pour le nombre de secondes proposé : 6582429″ = 76^j + 4^h + 27′ + 9″.

73º En divisant 28549^l par 12, nombre de lignes qui forment un pouce, on trouve que 28549^l valent 2379 pouces et il reste 1^l; ce nombre de pouces 2379 divisé par 12 donne le nombre de pieds 198, et il reste 3 pouces; et enfin ce nombre de pieds 198, divisé par 6, donne le nombre de toises 33^t, et il ne reste pas de pieds; donc 28549^l = 33^t, 3^p et 1^l.

74° 1° L'ouvrage fait par un seul ouvrier est 396 : 12 = 33 mètres.

2° Si un seul ouvrier a fait 33 mètres, 5 ouvriers ont fait 5 fois plus ou 33 $\times$ 5 = 165 mètres.

75° L'ouvrage fait par un seul ouvrier est 1440 : 18 = 80^m; si un seul ouvrier a fait 80^m, 12 ouvriers en ont fait 12 fois plus ou 80 $\times$ 12 = 960.

76° 1° Comme 8 journées de dix heures valent 80 heures, l'ouvrage fait dans une heure sera 2358 : 80 = 29^m, 475; 2° Comme 2 jours de 10 heures et 5 heures forment 25 heures, et comme l'ouvrage fait dans 1 heure est 29^m, 475, l'ouvrage fait dans le temps demandé est égal à 29^m, 475 $\times$ 25 = 736^m, 875.

77° 1° Puisque chaque ouvrier fait 6^m par heure, les 35 ouvriers, dans 1^h, font 6 $\times$ 35 = 210 mètres; si l'ouvrage fait dans 1^h est 210^m, le nombre d'heures nécessaire pour faire 3254^m sera égal à 3254 : 210 = 15^h, 29'.

2° En divisant 15 par 10, nombre d'heures de travail par jour, on trouve qu'il faut une journée de 10^h, et il reste pour la seconde journée, 5^h 29'.

78° Le nombre de mètres fait dans une heure est 36 $\times$ 6 = 216; pour faire 54000 mètres, il faudra un nombre d'heures égal à 54000 : 216 ou 250^h; comme les journées sont de 10 heures, on emploiera 250 : 10 = 25 jours pour faire l'ouvrage.

79° Le nombre des dalles qui se trouvent dans la largeur devant être tel que multiplié par 46, on obtienne 1472 pour produit, on obtiendra ce nombre en divisant 1472 par 46. — 1472 : 46 = 32.

80° Le nombre de mètres contenu dans la largeur devant être tel que multiplié par le nombre de mètres 108 contenu dans la longueur, on reproduise la surface 8208, on obtiendra ce nombre en divisant 8208 par 108. — 8208 : 108 = 76.

81° Puisque la part de la seconde vaut 2 parts de la première, les 2 parts réunies forment 3 fois la part de la première; puisque la somme à partager, 3876^{fr} contient 3 fois la part de la première, cette part est égale à 3876 : 3 = 1292^{fr}, et par suite la part de la seconde est égale à 1292 × 2 = 2584^{fr}.

82° Les parts des 3 personnes valent en tout 1 fois la part de la première, + 2 fois cette même part, + 4 fois cette même part, en tout 7 fois la part de la première, et, comme toutes les parts réunies forment 2842^{fr}, la part de la première vaut 2842^{fr} : 7 = 406^{fr}; la part de la seconde sera donc 406 × 2 = 812^{fr}, et la part de la troisième, 406 × 4 = 1624^{fr}.

83° En raisonnant comme au problème 81, on voit que la somme à partager, 6852^{fr} contient 3 fois la part de la première personne, et par suite la part de cette personne est : 6852 : 3 = 2284^{fr}, et la part de la seconde : 2284 × 2 = 4568^{fr}.

84° En raisonnant comme au problème 82, on voit que la somme à partager 2744^{fr} contient 7 fois la part de la première personne, et par suite la part de cette personne est : 2744 : 7 = 392^{fr}, la part de la deuxième, 392 × 2 = 784^{fr}, et la part de la troisième, 392 × 4 = 1658^{fr}.

85° Les parts des 2 premières personnes valent 3 fois la part de la première, et comme la part de la troisième vaut autant que celles des 2 premières réunies, les parts des 3 personnes valent 6 fois la part de la première; la part de la première personne est donc égale à 3876 : 6 ou 646^{fr}, et par suite la part de la seconde est 646 × 2 = 1292^{fr}, et la part de la troisième, 646 + 1292 = 1938^{fr}.

On pouvait remarquer *à priori* que la part de la troisième doit être la moitié de la somme à partager.

86° 1 fr. dans un an rapporte 100 fois moins que 100^{fr}, c'est-à-dire 5 : 100 = 0^f, 05. — Si 1^{fr} rapporte 0^f, 05 dans un an, 286^{fr} dans un an rapporteront 286 fois plus ou 0,05 × 286 = 14^f, 30. — Si la somme de 286^{fr} rapporte 14^f, 30 dans un an, dans 8 ans elle rapporte 8 fois plus ou 14^f, 30 × 8 = 114^f, 40.

PROBLÈMES DIVERS.

87° Si la plus grande partie surpasse la plus petite de 12, le nombre 72 se compose de 2 fois la plus petite partie + 12 ; si donc on retranche 12 de 72, le reste 60 ne contiendra plus que deux fois la plus petite partie ; cette partie sera donc égale à 60 : 2 ou 30 ; et par suite la plus grande sera égale à 60 + 12 ou 72.

88° La différence des deux nombres étant 6, le problème revient à partager un nombre 24 en deux parties, telles que l'une surpasse l'autre de 6. — En raisonnant comme dans le problème précédent, on trouve pour l'un 9, et pour l'autre 15.

89° 360^{fr} représentant les gages d'un an, ceux de 1 mois seront 360 : 12 = 30^{fr}, et ceux de 10 mois, 30 × 10 = 300^{fr} ; comme on ne lui donne que 270^{fr} en argent, la valeur de l'habit qui complète le paiement est 300 — 270 = 30^{fr}.

90° Le courrier de Metz doit gagner 16 lieues sur celui de Verdun pour le rattraper ; comme il gagne sur lui deux lieues par heure, il mettra autant d'heures que 2 est contenu de fois dans 16, c'est-à-dire 8 heures ; comme il fait 5 lieues à l'heure, il aura parcouru 5 × 8 = 40 lieues, et par conséquent, il aura dépassé Verdun de 40 — 16 — 24 lieues.

91° Celui qui part le premier aura sur le second, une avance de 3 × 4 = 12 lieues, quand ce second partira ; comme le second gagne une lieue sur le premier en une heure, il le rattrapera au bout de douze heures ; enfin, comme il fait 5 lieues par heure, ce sera à 12 × 5 = 60 lieues du point de départ.

92° Comme la grande aiguille doit parcourir tout le cadran et revenir sur midi pour se rapprocher ensuite de la petite aiguille, on peut considérer cette dernière comme ayant sur la grande une avance de 60 divisions du cadran ; la question peut donc être posée de la manière suivante : Une aiguille en poursuit une autre qui a 60 divisions d'avance ; elle parcourt 60 divisions dans une heure, tandis que l'autre n'en parcourt que 5, combien mettra-

3

t-elle de temps pour la rattraper? — D'après cet énoncé, elle gagne 55 divisions dans une heure ; elle mettra donc autant d'heures pour rattraper la seconde que 55 est contenu de fois dans 60. — Si l'on divise 60 par 55, on trouve 1^h et il reste 5^h à partager encore en 55 parties égales ; ces 5^h converties en minutes donnent 300 minutes qui divisées par 55, donnent $5'$, et il reste encore $25'$ à partager en 55 parties égales ; ces $25'$ converties en secondes donnent $25 \times 60 = 1500''$, qui divisées par 55 donnent $27''$, avec un reste qui donnerait $16'''$, etc., de sorte que le temps demandé est $1^h 5' 27'' 16'''$.

93° 1° Puisqu'ils font l'un 3 lieues et l'autre 4 lieues par heure, en une heure ils se rapprochent de 7 lieues. — Or, ils se rencontreront lorsqu'ils se seront rapprochés de la distance de 140 lieues qui les sépare ; ils mettront donc autant d'heures que 7 est contenu de fois dans 140, c'est-à-dire 20 heures. — 2° Puisque l'un fait 3 lieues à l'heure et qu'il marche 20 heures avant de rencontrer le second, il aura fait $20 \times 3 = 60$ lieues, et par suite l'autre en aura fait $140 - 60 = 80$. La rencontre aura donc lieu à 60 lieues d'un point de départ et à 80 lieues de l'autre.

94° On peut considérer les deux aiguilles comme séparées par 60 divisions, allant à la rencontre l'une de l'autre en parcourant, l'une 60 divisions et l'autre 5, dans une heure. — On est donc ramené au même problème qu'au n° 93, et l'on dira : les deux aiguilles se rapprochant de 65 divisions dans une heure, combien mettront-elles de temps pour se rapprocher de 60 divisions? elles mettront autant d'heures que 65 est contenu de fois dans 60 ; comme 65 n'est pas contenu une seule fois dans 60, elles ne mettront pas une heure ; mais on peut convertir 60 en minutes et l'on aura $60 \times 60 = 3600$ à diviser par 65, et en continuant à raisonner de la même manière, on trouve : $55' 23'' 4'''$.

95° Puisque la troisième donne pour sa part 15^{fr}, le prix du dîner est $15 \times 3 = 45^{fr}$; puisque le dîner se compose de cinq plats ayant la même valeur, le prix de chacun d'eux est $45 : 5 = 9^{fr}$; comme la première personne donne trois plats, et par suite une valeur de $9 \times 3 = 27^{fr}$, elle donne 12^{fr} de plus que sa part; elle doit donc prendre 12^{fr} sur les 15^{fr} donnés par la troisième personne, et par suite la deuxième aura 3^{fr} sur cette somme.

96° Lorsque le fils est né, le père avait 62 — 36 = 26 ans; il a donc eu le double de l'âge de son fils 26 ans plus tard, c'est-à-dire, lorsqu'il a eu 52 ans; comme il a 62 ans aujourd'hui, il y a 10 ans.

97° Supposons qu'une grandeur AB soit le triple d'une autre grandeur CD; de ce que la première contient trois fois la se-

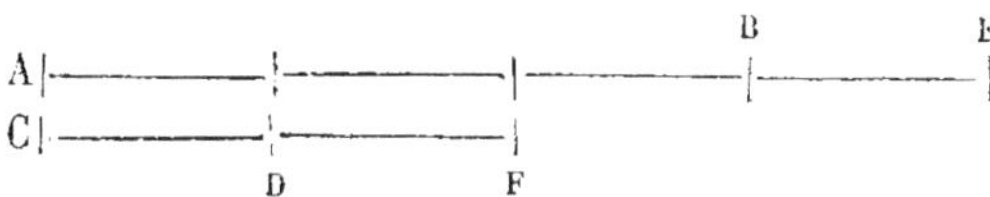

conde, si l'on ajoute la seconde à chacune d'elles, la première contiendra quatre fois CD, et CF la contiendra deux fois; donc AE sera le double de CF. — Donc, si deux quantités, dont l'une est le triple de l'autre, sont augmentées d'une quantité commune qui rende la première double de la seconde, la quantité ajoutée est égale à la plus petite de ces deux quantités. — Si l'on applique ce raisonnement au problème en question, on voit que 12 représente l'âge du fils, il y a 12 ans; le fils a donc aujourd'hui 24 ans et le père 48.

PROBLÈMES SUR LE SYSTÈME MÉTRIQUE.

98° Le mètre étant la dix-millionième partie du quart du méridien terrestre, il y a 10000000 de mètres dans le quart du méridien, et par suite 40000000 dans le méridien tout entier.

99° Comme il faut 4000 mètres pour faire une lieue, et qu'il y a 40000000 de mètres dans le tour de la terre, il y a dans le tour de la terre 40000000 : 4000 ou 10000 lieues.

100° Comme il y a 360 degrés dans le tour de la terre et que chacun de ces degrés vaut 25 lieues anciennes, il y a dans le tour de la terre $25 \times 360 = 9000$ lieues anciennes ; et, comme ces 9000 lieues représentent une longueur de 40000000 de mètres, chacune d'elles vaut $40000000 : 9000$ ou $40000 : 9 = 4444^m, 44\ldots$

101° 142 myriamètres valent 1420 kilomètres ; comme il faut 4 kilomètres pour faire une lieue, 142 myriamètres valent $1420 : 4 = 355$ lieues.

102° Puisqu'une lieue vaut 4 kilom., 328 lieues valent $328 \times 4 = 1312$ kilom. et par suite 131 myriam. et 2 kilom.

103° Puisqu'un mètre carré vaut 10000 centimètres carrés, 18 mètres carrés valent 180000 centimètres carrés.

104° $2^{m.\,ca.}, 0023$.

105° $0^{m.\,ca.}, 06$.

106° $0^{m.\,ca.}, 0027$.

107° $6, 25 \times 4, 75 = 29,6875$.

$$\text{RÉP. } 29^{m.\,ca.}, 6875.$$

108° Sa largeur doit être telle que multipliée par sa longueur, $6^m, 75$, elle donne pour produit la surface $32^m, 75$; elle est donc égale à $32^m, 75 : 6,75$ ou $4^m, 85$.

109° La surface du champ est $238 \times 95 = 22610^{mca}$, ou $2^{ha}, 26^a, 11^{ca}$.

110° La surface du champ étant $3^{ha}, 48^a$ ou $34800^{m.c.}$, sa largeur sera égale à $34800 : 318$ ou $109^m, 43$.

111° La lieue étant égale à 4000^m, une lieue carrée vaut $4000^2 = 16000000$ de mètres carrés ou 1600 hectares.

112° $2^{m.\,cu.}, 328$.

113° $6^{m.\,cu.}, 003$.

114° $0^{m.\,cu.}, 000028$.

115° Ce volume est égal à $1,2 \times 2,3 \times 0,8 = 2, 208$ ou 2 mètres cubes, 208 décimètres cubes.

116° La surface de la chambre est $6,25 \times 4,50 = 28^{m.\,cu}, 125$; la hauteur doit être telle que multipliée par cette surface, $28^{mc}, 125$, on obtienne pour produit le volume $112^{m.\,cu}, 325$; cette hauteur est donc égale à $\dfrac{112,325}{28,125} = 3^m, 99$.

117° Sa profondeur doit être telle que multipliée par sa sur-face, 6284$^{m\,ca}$., on obtienne pour produit 12340$^{m\,cu}$.; elle est donc égale à 12340 : 6284 = 1^m, 96.

118° Un cube de 5^m de côté équivaut à 125$^{m\,cu}$. ou 125000 décimètres cubes; il peut donc contenir 125000^l.

119° 15$^{m\,cu}$., 368457 équivalent à 15368$^{déc.\,cu}$., 457; il faudra donc pour remplir le bassin 15368^l, 457.

120° Puisque 1^{litre} contient 1000 centimètres cubes, le poids d'un litre d'eau est 1000^{gr} ou 1^{kg}., et par suite le poids de l'eau contenue dans le tonneau est 243^{kg}, 52; en ajoutant le poids du tonneau 15^k,328, on trouve pour le poids total : 258^{kg}, 848.

121° Le poids de 5840^l d'eau serait 5840^{kg}; comme à volume égal le vin ne pèse que les 0,945 de l'eau, le poids de 5840^l de vin est 5840 × 0,945 = 5518^k, 80.

122° Le poids du vin est 260 — 14 = 246^{kg}; or, le nombre de litres doit être tel que multiplié par la densité 0.95, on obtienne pour produit le poids 246^k; ce nombre de litres est donc égal à $\frac{246}{0,95}$ = 258^l, 94.

123° Le volume du bloc de fer est 0,25 × 0,48 × 0,27 = 32$^{dm.\,cu}$., 400, et comme la densité du fer est 7, 2, le poids demandé est : 32, 4 × 7, 2, = 233^{kg}, 280.

124° Si le lingot d'or pèse 1568^{gr}; comme la densité de l'or est 19,26, son volume est $\frac{1568}{19,26}$ = 81$^{c.\,cu}$., 412. — La largeur doit être telle que, multipliée par le produit des deux autres dimensions, on obtienne pour produit le volume 81$^{cm\,c}$, 412; cette largeur est donc égale à $\frac{81,412}{4 \times 12} = \frac{81.412}{48}$ = 0^m, 0169.

125° Comme la densité de l'argent est 10, 47 et qu'un même volume d'eau pèserait 328^{kg}, le volume d'argent pèse 328^k × 10,27 = 3368^{kg}, 56.

126° Puisque le poids est égal au produit du volume par la densité, la densité est égale au poids divisé par le volume. — La densité demandée est donc $\frac{3248}{4347}$ = 0,747.

127° Le volume cherché doit être tel que multiplié par la densité de l'or 19, 26, on obtienne pour produit le poids donné; ce volume est donc égal à $\frac{458}{19,26}$ = 23$^{c.\,cu}$., 779.

128° Puisque 1^{fr} pèse 5 ^{gr}, 695^{fr} pèsent $5 \times 695 = 3475^{gr}$.

129° Puisque 5^{gr} d'argent monnayé représentent 1^{fr}, 320^{kg} ou 320000^{gr} représentent $\dfrac{320000}{5} = 64000^{fr}$.

130° Puisque le cuivre entre pour un dixième dans l'alliage monétaire, une somme d'argent de 2540^{fr}, qui pèse 12700^{gr}, contient 1270^{gr} de cuivre, et par suite le poids de l'argent pur qu'elle renferme est $12700 - 1270 = 11430^{gr}$.

131° Le poids de l'argent est 9 fois plus considérable que le poids du cuivre.

132° Puisque le poids de l'argent pur est 9 fois plus considérable que le poids du cuivre, le poids de l'argent qui entre dans la même somme est $8^k, 325 \times 9 = 74^k, 925$; le poids total de cette somme est donc $8^k, 325 + 74^k, 925 = 83^k, 250$, et par suite sa valeur est $83250 : 5 = 16650^{fr}$.

133° Le poids d'une pièce de 5^{fr} est 25^{gr}, donc une somme pesant 396^k ou 396000^{gr} contient $\dfrac{396000}{25}$ ou 15840 pièces de 5 ^{fr}.

134° Remarquons que 1^{fr} contient 4^{gr}, 5 d'argent et 0^{gr}, 5 de cuivre ; or, la densité de l'argent étant 10,47, 4^{gr} 5 d'argent représentent un volume de $\dfrac{4,5}{10,37} = 0^{cm.cu.}, 4296$; la densité du cuivre étant 8,85, 0^g, 5 de cuivre représentant un volume de $\dfrac{0,5}{8,85} = 0^{cm.cu.}, 0565$; le volume de 1^{fr} est donc $0,4296 + 0,0565 = 0,^{cm.cu.}, 4861$.

135° Puisque un volume de 0$^{cm.cu.}$, 4861 d'argent monnayé représente 1^{fr}, autant de fois 0$^{cm.cu.}$, 4861 est contenu dans 1$^{cm.cu.}$, autant 1$^{cm.cu.}$ d'argent monnayé vaut de francs. — En effectuant, on trouve $\dfrac{1}{0,4861} = 2^f, 06^c$.

EXERCICES SUR LES CARACTÈRES DE DIVISIBILITÉ,

SUR LE PLUS GRAND COMMUN DIVISEUR ET SUR LE PLUS PETIT COMMUN MULTIPLE.

136° 389700 est divisible par 2, par 4, par 3, par 9, par 5 et par 25.

570 est divisible par 2, par 5, par 3; il ne l'est ni par 4, ni par 9, ni par 25.

375 est divisible par 3 et par 5; il ne l'est ni par 2, ni par 4, ni par 9, ni par 25.

2925 est divisible par 3, par 9, par 5 et par 25; il ne l'est ni par 2, ni par 4.

4632 est divisible par 2, par 4 et par 3; il ne l'est ni par 9, ni par 5, ni par 25.

137° Si l'on divise 91 par les nombres premiers consécutifs, on reconnaît que 91 est divisible par 7; donc 91 n'est pas un nombre premier.

Si l'on opère de même sur 103, on reconnaît qu'il n'est divisible par aucun nombre premier inférieur à 11; comme le diviseur 11 donne un quotient 9 plus petit que 11, 103 est un nombre premier.

Si l'on opère de même sur 143, on trouve que 143 est divisible par 11, donc 143 n'est pas un nombre premier.

138° 1°

5183	2	1	1	1	2	3
1241	1971	1241	730	511	219	73
	730	511	219	73	00	

Le plus grand commun diviseur entre 5183 et 1791 est 73.

2° Le plus grand commun diviseur entre 92400 et 7920 s'obtiendra en cherchant le plus grand commun diviseur entre 9240 et 792, et en multipliant ce plus grand commun diviseur par 10.

9240	11	1	2
1320	792	528	264
528	264	000	

Le plus grand commun diviseur entre 92400 et 7920 est donc 2640.

3°	827	1	8	1	5	2
		743	84	71	13	6
	84	71	13	6	1	

Le plus grand commun diviseur entre 827 et 743 est l'unité ; ces deux nombres sont donc premiers entre eux.

139° Les quatre nombres proposés décomposés en facteurs premiers donnent :

$$5040 = 2^4 \times 3^2 \times 5 \times 7.$$
$$1012 = 2^2 \times 13 \times 31.$$
$$2016 = 2^5 \times 3^2 \times 7.$$
$$3528 = 2^3 \times 3^2 \times 7^2.$$

Le plus grand commun diviseur entre les nombres proposés est $2^2 = 4$.

140° Le plus petit commun multiple entre les mêmes nombres est $2^5 \times 3^2 \times 5 \times 7^2 \times 13 \times 31 = 28435680$.

141° En négligeant un zéro à la droite de chacun des nombres proposés, ces nombres deviennent 360, 144, 720 et 96 qui, décomposés en facteurs premiers, donnent :

$$360 = 2^3 \times 3^2 \times 5.$$
$$144 = 2^4 \times 3^2.$$
$$720 = 2^2 \times 3^2 \times 5.$$
$$96 = 2^5 \times 3.$$

Le plus grand commun diviseur de ces nombres est $2^3 \times 3 = 8 \times 3 = 24$, et par suite le plus grand commun diviseur demandé est $24 \times 10 = 240$.

142° Le plus petit commun multiple des nombres 360, 144, 720 et 96 est $2^5 \times 3^2 \times 5 = 1440$, et par suite le plus petit commun multiple des nombres proposés est 14400.

143° Si l'on décompose ces nombres en facteurs premiers, on trouve : $12 = 2^2 \times 3$, $18 = 2 \times 3^2$, $36 = 2^2 \times 3^2$. $48 = 2^4 \times 3$ et $60 = 2^2 \times 3 \times 5$; par suite le plus petit commun multiple cherché est : $2^4 \times 3^2 \times 5 = 720$.

EXERCICES SUR LES FRACTIONS.

144° $\dfrac{8}{48} = \dfrac{1}{6}$, $\dfrac{9}{36} = \dfrac{1}{4}$, $\dfrac{15}{45} = \dfrac{1}{3}$, $\dfrac{120}{560} = \dfrac{1}{5}$,

$\dfrac{75}{135} = \dfrac{5}{9}$, $\dfrac{72}{360} = \dfrac{1}{5}$, $\dfrac{45}{288} = \dfrac{5}{32}$, $\dfrac{85}{136} = \dfrac{5}{8}$,

$\dfrac{483}{1288} = \dfrac{3}{8}$, $\dfrac{134}{335} = \dfrac{2}{5}$, $\dfrac{158}{243}$ est une fraction irréductible.

145° 1° $\dfrac{14}{21}$ et $\dfrac{15}{21}$.

2° $\dfrac{3}{8}$ et $\dfrac{2}{8}$.

3° $\dfrac{20}{48}$ et $\dfrac{21}{48}$.

4° $\dfrac{40}{60}$, $\dfrac{45}{60}$ et $\dfrac{48}{60}$.

5° $\dfrac{4}{27}$, $\dfrac{6}{27}$ et $\dfrac{9}{27}$.

6° $\dfrac{15}{84}$, $\dfrac{6}{84}$ et $\dfrac{24}{84}$.

7° $\dfrac{1760}{3080}$, $\dfrac{1925}{3080}$, $\dfrac{840}{3080}$, $\dfrac{1232}{3080}$.

8° $\dfrac{225}{300}$, $\dfrac{250}{300}$, $\dfrac{160}{300}$, $\dfrac{84}{300}$ et $\dfrac{165}{300}$.

146° 1° $\dfrac{3}{8} + \dfrac{5}{8} + \dfrac{7}{8} = \dfrac{15}{8} = 1\dfrac{7}{8}$.

2° $\dfrac{5}{6} + \dfrac{7}{8} + \dfrac{3}{4} = \dfrac{20}{24} + \dfrac{21}{24} + \dfrac{18}{24} = \dfrac{59}{24} = 2\dfrac{11}{24}$.

3° $\dfrac{2}{9} + \dfrac{7}{18} + \dfrac{3}{15} + \dfrac{9}{16} = \dfrac{160}{720} + \dfrac{280}{720} + \dfrac{144}{720}$

$+ \dfrac{405}{720} = \dfrac{989}{720} = 1\dfrac{269}{720}$.

4° $2\dfrac{3}{5} + 5\dfrac{6}{7} = \dfrac{13}{5} + \dfrac{41}{7} = \dfrac{91}{35} + \dfrac{205}{35} =$

$\dfrac{296}{35} = 8\dfrac{16}{35}$.

5° $\quad 3\frac{4}{9} + 2\frac{5}{6} + 4\frac{7}{18} = 3\frac{8}{18} + 2\frac{15}{18} +$

$\quad 4\frac{7}{18} = 9\frac{30}{18} = 10\frac{12}{18} = 10\frac{2}{3}.$

147° $\quad \dfrac{3}{4} - \dfrac{1}{4} = \dfrac{2}{4} = \dfrac{1}{2}.$

$\quad \dfrac{8}{27} - \dfrac{5}{27} = \dfrac{3}{27} = \dfrac{1}{9}.$

$\quad \dfrac{4}{7} - \dfrac{2}{5} = \dfrac{20}{35} - \dfrac{14}{35} = \dfrac{6}{35}.$

$\quad \dfrac{5}{6} - \dfrac{4}{9} = \dfrac{15}{18} - \dfrac{8}{18} = \dfrac{7}{18}.$

$\quad 8\frac{3}{5} - 3\frac{2}{5} = \dfrac{43}{5} - \dfrac{17}{5} = \dfrac{26}{5} = 5\frac{1}{5}.$

$\quad 8\frac{1}{7} - 5\frac{3}{7} = \dfrac{57}{7} - \dfrac{38}{7} = \dfrac{19}{7} = 2\frac{5}{7}.$

$\quad 12\frac{3}{5} - 5\frac{6}{11} = \dfrac{63}{5} - \dfrac{61}{11} = \dfrac{693}{55} - \dfrac{305}{55} = \dfrac{388}{55} = 7\frac{3}{55}.$

$\quad 12\frac{4}{25} - 8\frac{3}{10} = \dfrac{304}{25} - \dfrac{83}{10} = \dfrac{608}{50} - \dfrac{415}{50} = \dfrac{193}{50} = 3\frac{43}{50}.$

148° $\quad \dfrac{3}{4} \times 7 = \dfrac{3 \times 7}{4} = \dfrac{21}{4} = 5\frac{1}{4}.$

$\quad \dfrac{2}{3} \times 6 = \dfrac{2 \times 6}{3} = 2 \times 2 = 4.$

$\quad 8 \times \dfrac{5}{7} = \dfrac{8 \times 5}{7} = \dfrac{40}{7} = 5\frac{5}{7}.$

$\quad 12 \times \dfrac{3}{4} = \dfrac{12 \times 3}{4} = 3 \times 3 = 9.$

$\quad 16 \times \dfrac{5}{12} = \dfrac{16 \times 5}{12} = \dfrac{4 \times 5}{3} = \dfrac{20}{3} = 6\frac{2}{3}.$

$\quad \dfrac{5}{6} \times \dfrac{8}{11} = \dfrac{5 \times 8}{6 \times 11} = \dfrac{5 \times 4}{3 \times 11} = \dfrac{20}{33}.$

$\quad \dfrac{6}{7} \times \dfrac{14}{17} = \dfrac{6 \times 14}{7 \times 17} = \dfrac{6 \times 2}{17} = \dfrac{12}{17}.$

$\quad \dfrac{8}{9} \times \dfrac{3}{4} = \dfrac{8 \times 3}{9 \times 4} = \dfrac{2}{3}.$

$\quad 2\frac{5}{6} \times 7 = \dfrac{17}{6} \times 7 = \dfrac{17 \times 7}{6} = \dfrac{119}{6} = 19\frac{5}{6}.$

$\quad 4\frac{3}{7} \times 14 = \dfrac{31}{7} \times 14 = \dfrac{31 \times 14}{7} = 31 \times 2 = 62.$

$$5 \frac{6}{7} \times 3 \frac{2}{9} = \frac{41}{7} \times \frac{29}{9} = \frac{41 \times 29}{7 \times 9} = \frac{1189}{63} = 18 \frac{55}{63}.$$

$$5 \frac{4}{5} \times \frac{3}{4} = \frac{29}{5} \times \frac{3}{4} = \frac{87}{20} = 4 \frac{7}{20}.$$

149° $\quad \dfrac{5}{6} : 4 = \dfrac{5}{6 \times 4} = \dfrac{5}{24}.$

$$\frac{8}{9} : 12 = \frac{8}{9 \times 12} = \frac{2}{9 \times 3} = \frac{2}{27}.$$

$$\frac{12}{19} : 18 = \frac{12}{19 \times 18} = \frac{2}{19 \times 3} = \frac{2}{57}.$$

$$5 : \frac{3}{4} = \frac{5 \times 4}{3} = \frac{20}{3} = 6 \frac{2}{3}.$$

$$8 : \frac{2}{5} = \frac{8 \times 5}{2} = 4 \times 5 = 20.$$

$$12 : \frac{9}{10} = \frac{12 \times 10}{9} = \frac{4 \times 10}{3} = \frac{40}{3} = 13 \frac{1}{3}.$$

$$\frac{3}{4} : \frac{7}{11} = \frac{3 \times 11}{4 \times 7} = \frac{33}{28} = 1 \frac{5}{28}.$$

$$\frac{2}{3} : \frac{8}{9} = \frac{2 \times 9}{3 \times 8} = \frac{3}{4}.$$

$$\frac{12}{25} : \frac{4}{5} = \frac{12 \times 5}{25 \times 4} = \frac{3}{5}.$$

$$2 \frac{3}{4} : 3 \frac{5}{6} = \frac{11}{4} : \frac{23}{6} = \frac{11 \times 6}{4 \times 23} = \frac{11 \times 3}{2 \times 23} = \frac{33}{46}.$$

$$8 \frac{3}{10} : 2 \frac{4}{5} = \frac{83}{10} : \frac{14}{5} = \frac{83 \times 5}{10 \times 14} = \frac{83}{2 \times 14} = \frac{83}{28} = 2 \frac{27}{28}.$$

150° $\quad \dfrac{2}{3} \times \dfrac{5}{6} \times \dfrac{7}{10} \times \dfrac{9}{16} \times \dfrac{8}{35} = \dfrac{2 \times 3 \times 7 \times 9 \times 8}{3 \times 6 \times 10 \times 16 \times 35} = \dfrac{1}{20}$

$$\frac{3}{4} \times \frac{8}{9} \times \frac{7}{16} = \frac{3 \times 8 \times 7}{4 \times 9 \times 16} = \frac{7}{24}.$$

PROBLÈMES SUR LES FRACTIONS.

151° $\dfrac{2}{5} + \dfrac{3}{7} = \dfrac{14 \times 15}{35} = \dfrac{29}{35}$.

Rép. On en a fait les $\dfrac{29}{35}$.

152° Puisqu'on a fait les $\dfrac{3}{10}$ sur le tout, c'est-à-dire sur les $\dfrac{10}{10}$ de l'ouvrage, il en reste encore à faire $\dfrac{10}{10} - \dfrac{3}{10} = \dfrac{7}{10}$.

153° Puisqu'on a fait les $\dfrac{3}{7}$ + les $\dfrac{4}{9}$ de l'ouvrage, c'est-à-dire les $\dfrac{55}{63}$, il en reste encore à faire $\dfrac{63}{63} - \dfrac{55}{63} = \dfrac{8}{63}$.

154° Puisque le quart du nombre est 9, ce nombre est 4 fois plus grand que 9 ou $9 \times 4 = 36$.

155° Si trois quarts d'un nombre font 9, un seul quart vaut 3 fois moins ou $\dfrac{9}{3} = 3$; si le quart du nombre est 3, le nombre tout entier est $3 \times 4 = 12$.

156° Comme $\dfrac{1}{2} + \dfrac{1}{3} = \dfrac{5}{6}$, on dira : les $\dfrac{5}{6}$ d'un nombre font 15, $\dfrac{1}{6}$ vaut donc $\dfrac{15}{5}$, et par suite le nombre tout entier vaut $\dfrac{15 \times 6}{5} = 18$.

157° Pendant les 4 premiers jours, les ouvriers font $3^{\mathrm{m}}\,\dfrac{2}{3} + 2^{\mathrm{m}}\,\dfrac{4}{5} + 4^{\mathrm{m}} + 3^{\mathrm{m}}\,\dfrac{7}{10} = 12^{\mathrm{m}} + \dfrac{20}{30} + \dfrac{24}{30} + \dfrac{21}{30} = 12 + \dfrac{65}{30} = 14^{\mathrm{m}}\,\dfrac{1}{6}$; comme l'ouvrage total est de 16^{m}, il reste à faire le cinquième jour, $16^{\mathrm{m}} - 14\,\dfrac{1}{6} = 1^{\mathrm{m}}\,\dfrac{5}{6}$.

158° En 1 heure, il pourrait en faire 15 fois moins ou $\dfrac{1}{15}$.

159° Le 1er peut en faire $\dfrac{1}{15}$ en 1 heure, le second $\dfrac{1}{15}$; en travaillant ensemble, ils pourront donc en faire en 1 heure $\dfrac{1}{15} + \dfrac{1}{12} = \dfrac{4 + 5}{60} = \dfrac{9}{60} = \dfrac{3}{20}$.

160° Pour faire $\dfrac{1}{17}$ de l'ouvrage, il mettra 3 fois moins de temps ou $\dfrac{1}{3}$ d'heure ; pour faire le tout, c'est-à-dire les $\dfrac{17}{17}$, il mettra 17 fois plus de temps ou $\dfrac{17}{3}$ d'heure ou $5^{\mathrm{h}}\,\dfrac{2}{3} = 5^{\mathrm{h}}\,40'$.

161º Les 2 ouvriers travaillant ensemble font en 1^h $\frac{1}{12} + \frac{1}{15}$ $= \frac{3}{20}$ de l'ouvrage; donc pour faire le tout, d'après le problème précédent, ils mettront $\frac{20}{3}$ d'heure $= 6^h \frac{2}{3} = 6^h 40'$.

162º Dans 1^h la première fontaine remplit $\frac{1}{15}$ du bassin, la seconde $\frac{1}{18}$ et la troisième $\frac{1}{24}$; donc les 3 fontaines coulant ensemble remplissent en 1^h $\frac{1}{15} + \frac{1}{18} + \frac{1}{24} = \frac{24 + 20 + 15}{360}$ $= \frac{59}{360}$ du bassin; pour en remplir $\frac{1}{360}$, elles mettront $\frac{1}{59}$ d'heure; et pour remplir le bassin tout entier, c'est-à-dire les $\frac{360}{360}$, elles mettront $\frac{360}{59} = 6^h \frac{6}{59}$.

163º Les deux premiers enfants ayant $\frac{1}{3} + \frac{4}{9} = \frac{3 + 4}{9} = \frac{7}{9}$ de la fortune, le dernier a les $\frac{2}{9}$ qui restent.

164º Puisque les deux premiers enfants ont l'un $\frac{1}{3}$ et l'autre $\frac{4}{9}$, c'est-à-dire à eux deux $\frac{7}{9}$ du bien, le troisième en a les $\frac{2}{9}$; or, ces $\frac{2}{9}$ font 36000^{fr}, $\frac{1}{9}$ fait donc 18000^{fr} et les $\frac{9}{9}$ ou la fortune entière, $18000 \times 9 = 162000^{fr}$; par suite la part du premier enfant est 54000^{fr} et celle du deuxième 72000^{fr}.

165º Puisqu'en 1^h on fait $2^m \frac{3}{5}$, pour faire $17^m \frac{5}{7}$, on mettra autant d'heures que $17 \frac{5}{7}$ contient de fois $2 \frac{3}{5}$. — En opérant, on trouve $17 \frac{5}{7} : 2 \frac{3}{5} = \frac{124}{7} : \frac{13}{5} = \frac{124 \times 5}{7 \times 13} = \frac{620}{91} = 6^h \frac{74}{91}$.

166º SOLUTION GÉNÉRALE. — La première fontaine en 1 minute donne $\frac{6}{5}^{hl}$, la seconde, dans le même temps, donne $\frac{15}{10}^{hl}$, à elles deux, elles donnent donc $\frac{12 \times 15}{10} = \frac{27}{10}$ en 1 minute, et par suite en 60' ou 1 heure, elles donneront $\frac{27 \times 60}{10} = 27 \times 6 = 162^{hl}$.

Dans le cas particulier proposé, on dira : puisque 12 fois 5 minutes font 1^h, la première verse dans 1^h $6 \times 12 = 72^{hl}$; on voit de même que la seconde verse $15 \times 6 = 90^{hl}$ dans le même temps; donc à elles deux dans 1^h, elles donnent $72 + 90 = 162^{hl}$.

167° 1° En 1^h, le premier fait $\frac{15}{4}$ de lieue, le second en fait $\frac{21}{5}$; donc dans 1^h les courriers se rapprochent de $\frac{15}{4} + \frac{21}{5} = 7^l \frac{19}{20}$.

2° S'ils sont éloignés de 52^l, comme ils se rapprochent de $7^l \frac{19}{20}$ par heure, ils se rencontreront dans $52 : 7^l \frac{19}{20} = 52 : \frac{159}{20} = \frac{52 \times 20}{159} = \frac{1040}{159} = 6^h \frac{86}{159}$.

3° Comme le premier fait $3^l \frac{3}{4}$ par heure, et qu'il marche $6^h \frac{86}{159}$ avant d'arriver au point de rencontre, il aura fait $6^l \frac{86}{159} \times 3 \frac{3}{4} = \frac{1040}{159} \times \frac{15}{4} = \frac{1040 \times 15}{159 \times 4} = \frac{260 \times 15}{159} = \frac{3900}{159} = 24^l \frac{84}{159}$ et par suite le second aura fait $52^l - 24^l \frac{84}{159} = 27^l \frac{75}{159}$.

168° Le premier paiement vaut $2000 \times \frac{2}{3} = 800^{fr}$, le second $2000 \times \frac{3}{10} = 600^{fr}$, et le troisième, 200^{fr}; ces 3 paiements valent donc : $800^{fr} + 600^{fr} + 200 = 1600^{fr}$, et par suite la personne doit encore $2000 - 1600 = 400^{fr}$.

169° Si le voyageur fait chaque jour $\frac{2}{27}$ de sa route, en 10 jours il en aura fait les $\frac{20}{27}$, et par suite il lui en restera encore les $\frac{7}{27}$; comme cette route est de 48 lieues, il lui en reste à faire $48 \times \frac{7}{27} = 12^l \frac{4}{9}$.

170° Puisque le cuivre entre dans le lingot pour les $\frac{83}{100}$, le poids du cuivre contenu dans le lingot est $\frac{360 \times 83}{100} = \frac{36 \times 83}{10} = 298^g, 8$. — De même le poids de l'étain est $\frac{360 \times 2}{15} = 24 \times 2 = 48^{gr}$; le poids du cuivre et de l'étain étant $298^g, 8 + 48^g = 346^g, 8$, le poids du plomb est égal à $360 - 346^g, 8 = 13^g, 2$.

171° Pour faire $\frac{1}{16}$ de l'ouvrage, l'ouvrier mettra 5 fois moins de temps que pour en faire $\frac{5}{16}$, ou $\frac{3}{4 \times 5}$; et pour faire les $\frac{16}{16}$

ou l'ouvrage tout entier, il mettra $\dfrac{3 \times 16}{4 \times 5} = \dfrac{3 \times 4}{5} = \dfrac{12}{5} = 2, \dfrac{2}{5}$.

172° Quand le chien fait un bond, le renard en fait $\dfrac{3}{5}$. — Mais comme 5 bonds $\dfrac{3}{4}$ du chien valent 4 bonds du renard, 1 bond du chien fait $4 : 5 \dfrac{3}{4}$ ou $\dfrac{16}{23}$ de bond de renard ; donc quand le chien fait 1 bond, il gagne sur le renard $\dfrac{16}{23} - \dfrac{3}{5} = \dfrac{80 - 69}{115} = \dfrac{11}{115}$ d'un bond de ce dernier, donc pour rattraper les 25 bonds que ce dernier a d'avance, il fera autant de sauts que $\dfrac{11}{115}$ est contenu de fois dans 25 ou $25 : \dfrac{11}{115} = \dfrac{25 \times 115}{11} = \dfrac{2875}{11} = 261^{\text{b}}. \dfrac{4}{11}$.

PROBLÈMES SUR LES RÈGLES DE TROIS.

173° 32 mètres ayant coûté 476^{fr}, un mètre coûte $\dfrac{476}{32}$ et 24^{m} $\dfrac{476 \times 24}{32} = \dfrac{476 \times 3}{4} = 119 \times 3 = 357^{\text{fr}}$.

174° Pour 1^{fr} on aurait $\dfrac{28^{\text{m}}}{328}$ et pour 640^{fr} $\dfrac{28 \times 640}{328} = \dfrac{28 \times 80}{41} = \dfrac{2240}{41} = 54^{\text{m}}, 63$.

175° Sur 1 objet elle gagne $\dfrac{5}{12}$, et sur 100 $\dfrac{5 \times 100}{12} = \dfrac{500}{12} = 41^{\text{fr}}, 67$.

176° Un seul ouvrier emploierait $48 \times 42^{\text{h}}$, et 64 ouvriers $\dfrac{48 \times 42}{64} = \dfrac{3 \times 42}{4} = \dfrac{3 \times 21}{2} = \dfrac{63}{2} = 31^{\text{h}} \dfrac{1}{2}$.

177° Pour faire l'ouvrage en 1^h il faudrait $48 \times 42°$, et pour le faire en 30^h $\dfrac{48 \times 42}{30} = \dfrac{8 \times 42}{5} = \dfrac{336}{5}$. Le quotient est 67 avec un reste, il faudra donc prendre 68 ouvriers.

178° Pour faire 1 mètre, il faut $\dfrac{15}{72}$ d'heure, et pour en faire 48, il en faudra $\dfrac{15 \times 48}{72} = \dfrac{15 \times 2}{3} = 5 \times 2 = 10^h$.

179° En 1^h on ferait $\dfrac{72}{15}$ et en 48^h $\dfrac{72 \times 48}{15} = \dfrac{24 \times 48}{5} = \dfrac{1152}{5}$ $= 230^m, 40$.

180° Sur un objet la personne gagne $\dfrac{14}{100}$ et sur 45 objets, $\dfrac{14 \times 45}{100} = 6^{fr}, 30$.

181° Si 100^{fr} donnent un bénéfice de 6^{fr}, 1^{fr} donne un bénéfice de $\dfrac{6}{100}$ et 4250^{fr} un bénéfice de $\dfrac{6 \times 4250}{100} = 255^{fr}$.

182° Si 6840^{fr} ont rapporté $410^{fr}, 40^c$, 1^{fr} rapporte $\dfrac{410,40}{6840}$ et 100^{fr} $\dfrac{41040}{6840} = 6^{fr}$.

183° En 1 jour il fait $\dfrac{33^m}{4}$ et en $18j$ $\dfrac{33 \times 18}{4} = \dfrac{33 \times 9}{2} = \dfrac{297}{2} = 148^m \dfrac{1}{2}$; il s'en faudra donc de $7^m \dfrac{1}{2}$ pour qu'il gagne sa gratification.

184° Si la largeur, au lieu d'être 0,48 était 0,01, c'est-à-dire 48 fois plus petite, il faudrait 12×48 rouleaux ; comme au lieu d'être $0,01^c$, elle est 0,42, il en faudra $\dfrac{12 \times 48}{42} = \dfrac{2 \times 48}{7} = \dfrac{96}{7} = 13 \dfrac{5}{7}$.

185° Pour 1^{kil} on doit payer $\dfrac{22}{100}$ et pour 75^k $\dfrac{75 \times 22}{100} = 16^f, 50$; comme la lettre de voiture coûte $0^f, 75$, on devra payer en tout $17^{fr}, 25$.

186° 1 sapeur en 1 jour fera $\dfrac{150}{15 \times 6}$, et 18 sapeurs en 9 jours feront $\dfrac{150 \times 18 \times 9}{15 \times 6} = 10 \times 3 \times 9 = 270$ mètres.

187° 1 sapeur emploie 7×15 jours pour faire 150^m et $\dfrac{7 \times 15}{150}$ pour faire 1^m; 18 sapeurs pour faire 1^m emploieront $\dfrac{7 \times 15}{150 \times 18}$ jours, et pour faire 270^m, ils emploieront $\dfrac{7 \times 15 \times 270}{150 \times 18}$

$$= \dfrac{7 \times 30}{10 \times 2} = \dfrac{21}{2} = 10j\,\dfrac{1}{2}.$$

188° Pour faire 150^m en 1 jour, il faudra 15×6 sapeurs, et pour faire 1^m en 1 jour, il en faudra $\dfrac{15 \times 6}{150}$. — Pour faire 1^m en 9 jours, il en faudra $\dfrac{15 \times 6}{150 \times 9}$ et pour en faire 270^m en 9 jours, il en faudra $\dfrac{15 \times 6 \times 270}{150 \times 9} = \dfrac{6 \times 30}{10} = 18°.$

189° 1 sapeur, travaillant 1^h par jour, emploierait pour faire une portion de tranchée de 1^m de longueur, 1^m de largeur et 1^m de profondeur, un nombre de jours représenté par $\dfrac{42 \times 35 \times 8}{345 \times 4 \times 2}$, et par suite 72 sapeurs, travaillant 8^h par jour, emploieront pour creuser une tranchée de 620^m de longueur, 4^m, 50 de largeur et 2^m, 40 de profondeur, un nombre de jours

représenté par $\dfrac{42 \times 35 \times 8 \times 620 \times 4,5 \times 2,4}{345 \times 4 \times 2 \times 72 \times 8} = \dfrac{21 \times 35 \times 155 \times 0,15}{345}$

$$= \dfrac{49 \times 155 \times 0,15}{23} = \dfrac{1139,25}{23} = 49j\,\dfrac{12,25}{23}, \text{ et, comme les}$$

journées sont de 8 heures, $49j + \dfrac{12,25 \times 8^h}{23} = 49j.\ 4^h\,\dfrac{6}{23} =$

$49j\ 4^h\ 15'\ \dfrac{15}{23}.$

190° Pour 1 cheval pendant 1 jour, il faut $\dfrac{115 \text{ bottes}}{3 \times 4}$ et pour 8 chevaux pendant 15 jours, $\dfrac{115 \times 8 \times 15}{3 \times 4} = 115 \times 2 \times 5 = $ 1150 bottes.

PROBLÊMES SUR LES RÈGLES D'INTÉRÊT.

191º En 1 an 100^{fr} rapportent 5^{fr}, 1^{fr} $\dfrac{5}{100}$ et 2800^{fr} $\dfrac{2800 \times 5}{100}$ $= 28 \times 5 = 140$. En 6 ans cette somme rapportera 6 fois plus ou 140^{fr} $\times$ 6 $= 840^{fr}$.

192º 12000^{fr} placés à 5 % rapportent dans 1 an 600^{fr} d'intérêt; donc pour rapporter 3000^{fr}, il faudra autant d'années que 600^{fr} est contenu de fois dans 3000, c'est-à-dire 5 ans.

193º En 1 an, 8500^{fr} rapportent $\dfrac{2550}{5}$ ^{fr} d'intérêt, 1^{fr} rapporte donc $\dfrac{2550}{5 \times 8500}$ et 100^{fr} $\dfrac{2550 \times 100}{5 \times 8500} = \dfrac{510}{85} = \dfrac{30}{5} = 6$. Le taux demandé est donc de 6 %.

194º 1^{fr} rapporte en 1 an $\dfrac{5}{100}$ et en 6 ans $\dfrac{5 \times 6}{100}$. Donc autant de fois cet intérêt sera contenu dans l'intérêt 2550^{fr}, autant la somme placée contiendra de francs : $2550 : \dfrac{5 \times 6}{100}$ $\dfrac{2550 \times 100}{5 \times 6} = \dfrac{51000}{6} = 8500^{fr}$.

195º 6 ans 5 mois 8 jours valent 2318 jours; 1^{fr} dans un an rapporte $\dfrac{6}{100}$, dans 1 jour 360 fois moins ou $\dfrac{6}{100 \times 360}$, dans 2318 jours $\dfrac{6 \times 2318}{100 \times 360}$; donc 32548^{fr} dans le même temps rapporteront $\dfrac{6 \times 2318 \times 32548}{100 \times 360} = 12574^{f}, 38$.

196º 100^{fr} dans 1 an rapportant 5^{fr}, 50, 1^{fr} rapporte $\dfrac{5,50}{100}$ et 3885^{fr} $\dfrac{5,50 \times 3885}{100}$; si chaque année une somme de 3885^{fr} rapporte $\dfrac{5,50 \times 3885}{100}$ d'intérêt, pour rapporter 1500^{fr}, elle mettra autant d'années que 1500 contient de fois cet intérêt, $1500 : \dfrac{5,50 \times 3885}{100} = \dfrac{1500 \times 100}{5,50 \times 3885} = 7^a\ 0^m\ 7j$.

197º 4 ans 5 mois et 6 jours font 1596 jours; en 1596 j.,

6800^{fr} ont rapporté 1465^{fr} d'intérêt, 1^{fr} en 1 j. a donc rapporté $\dfrac{1465}{1596 \times 6800}$, et 100^{fr} en 1 an ou 360 j. $\dfrac{1465 \times 100 \times 360}{1596 \times 6800} =$ 4^{fr} 86 ; le taux demandé est donc 4^{fr} 86 °/o.

198° 5 ans 6 mois et 8 jours valent 2188 jours. — 1^{fr} dans 1 jour rapporte $\dfrac{6,25}{100 \times 360}$ et dans 2188 jours $\dfrac{6,25 \times 2188}{3600 \text{ fr.}}$. — Si 1^{fr} rapporte cet intérêt dans un certain temps, autant de fois cet intérêt sera contenu dans 2520, autant il y aura de francs dans la somme cherchée ; 2520 : $\dfrac{6,25 \times 2188}{36000} = \dfrac{2520 \times 36000}{6,25 \times 2188}$ = 6634^{fr}.

199° En 1 an ce capital rapporte $\dfrac{6480 \times 5}{100}$ et en 1 mois $\dfrac{6480 \times 5}{100 \times 12}$, en 15 ans et 6 mois ou 186 mois, il rapportera $\dfrac{6480 \times 5 \times 186}{1200}$ = 5022^{fr}. — Le capital joint à l'intérêt donne donc 6480^{fr} + 5022 = 11502^{fr}.

200° Si le capital joint à l'intérêt devient 8345^{fr}, l'intérêt est égal à 8345^{fr} — 6800 = 1545^{fr}. Or, 6800^{fr} rapportent dans 1 an 340^f ; le temps demandé est donc égal à $\dfrac{1545}{340}$ = 4^a 6^m 16 j.

201° 100^{fr} sont devenus au bout de 6 ans 130^{fr}, donc la somme qui est devenue 1^{fr} est égale à $\dfrac{100}{130}$, et celle qui est devenue 3845^{fr} est égale à $\dfrac{100 \times 3845}{130}$ = 2957^{fr}, 69.

202° 1° 100^{fr} dans 2 ans deviennent 110^{fr}, la somme qui devient 1^{fr} est donc $\dfrac{100}{110}$ et celle qui devient 1000^{fr} $\dfrac{100 \times 1000}{110}$ = 909^{fr} 09 (esc. en dedans.)

2° 1000^{fr} en 2 ans rapportant 100^{fr}, la valeur actuelle du billet est 1000 — 100 = 900^{fr} (esc. en dehors.)

203° 1° 500^{fr} dans 1 jour rapportent $\dfrac{25}{360}$ et en 6 mois et 8 jours ou 188 j. $\dfrac{25 \times 188}{360}$ = 13^f, 05 ; la valeur actuelle du billet est donc 500 — 13,05 = 486^{fr}, 96^c (esc. en dehors.)

2° 100^{fr} dans 188 jours rapportant $\dfrac{5 \times 188}{360} = 2^f, 61,$ $102^{fr}, 61$ payables dans 188 jours valent aujourd'hui 100^{fr}, donc 1^{fr} vaut aujourd'hui $\dfrac{100}{102,61}$ et 500^{fr} $\dfrac{100 \times 500}{102,61} = \dfrac{50000}{102,61} =$ 487, 23. Cette personne toucherait donc 487, 23 (esc. en dedans.)

204° 1500^{fr} en 22 ans rapportant 1650^{fr} d'intérêt, d'après l'escompte en dehors, le banquier devrait demander 150^{fr} en sus de la valeur du billet.

<hr>

QUESTIONS SUR LES RENTES.

205° 1^{fr} de rente se paiera $\dfrac{92^f, 20}{4,50}$, et 245^{fr} $\dfrac{92,20 \times 245}{4,50}$ $= 5019^{fr}, 78.$

206° On aura autant de fois $4^{fr}, 50$ de rente que 91, 60 est contenu de fois dans 2540. — $\dfrac{2540 \times 4,50}{91,60} = 124^{fr}, 78.$

207° Si 66^{fr} rapportent 3^{fr}, la somme qui rapportera 1^{fr} sera $\dfrac{66}{3}$ et celle qui rapportera $4^{fr}, 50$ $\dfrac{66 \times 4.50}{3} = 66 \times 1,5 = 99^{fr}.$

208° Si 275^{fr} ont été rapportés par 5125^{fr}; 1^{fr} a été rapporté par $\dfrac{5125}{275}$ et $4^{fr}, 50$ par $\dfrac{5125 \times 4,5}{275} = 83^{fr}, 86.$

209° $4^{fr}, 50$ étant rapportés par $95^{fr}, 40$, 1^{fr} est rapporté par $\dfrac{95,40}{4,50}$ et 3^{fr} par $\dfrac{95,4 \times 3}{4,5} = 63^{fr}, 60.$

210° $69^{fr}, 23$ rapportant 3^{fr}, 1^{fr} rapporte $\dfrac{3}{69,23}$ et 100^{fr} $\dfrac{300}{69,23}$ $= 4^{fr}, 33.$ — R. à 4^{fr} 33 %.

211° En achetant de la rente 3 % à $61^f, 72$, on place son argent au taux de $\dfrac{300}{61,72} = 4,86$ %. — Donc, en laissant de côté toute autre considération, il y a avantage à placer son argent à 5 %.

212° Cette personne gagne autant de fois la différence 93,50 — 91,70 = 1^{fr}, 80 que sa rente 5800^{fr} contenait de fois le cours de la rente 91,70 $= \dfrac{5800 \times 1,8}{91,7} = 113^{fr}, 85.$

213° Le 5 % ayant monté de 0,75, le 3 % devra monter de $\dfrac{0,75 \times 3}{5} = 0^{fr}, 45$ pour que la hausse soit équivalente; le cours du 3 % était d'abord de 65^{fr}, 30, il doit donc devenir 65^{fr}, 75.

214° Pour 4^{fr}, 50, il y a baisse de 2^{fr}, 25, pour 1^{fr}, il devrait y avoir $\dfrac{2,25}{4,50}$, pour 3^{fr} $\dfrac{2,25 \times 3}{4,50} = 1,50$, et pour 4^{fr} $\dfrac{2,25 \times 4}{4,50} = 2^{fr}.$

RÈGLES DE SOCIÉTÉ.

215° $60000 + 75000 + 90000 = 225000^{fr}$; 225000^{fr} ayant rapporté 36000^{fr}, 1^{fr} a rapporté $\dfrac{36000}{225000}$ et par suite, pour la première personne.

60000^{fr} ont rapporté $\dfrac{36000 \times 60000}{225000} = 9600^{fr}.$

Pour la deuxième personne : 75000^{fr} ont rapporté $\dfrac{36000 \times 75000}{225000} = 12000^{fr}.$

Pour la troisième personne : 90000^{fr} ont rapporté $\dfrac{36000 \times 90000}{225000} = 14400^{fr}.$

216° La mise de la première personne équivaut à $120000 \times 10 = 1200000^{fr}$ pendant un an, celle de la deuxième, à $140000 \times 10 = 1400000$ pendant un an, et celle de la troisième, à $180000 \times 7 = 1260000^{fr}$ pendant un an. — Les mises étant ramenées au même temps, on a à résoudre le même problème que dans le cas précédent ; en raisonnant de la même manière, on obtient :

Pour la 1re personne : $\dfrac{240000 \times 1200000}{3860000} = 74611, 40.$

Pour la 2me   » $\dfrac{240000 \times 1400000}{3860000} = 87046, 63.$

Pour la 3me   » $\dfrac{240000 \times 1260000}{3860000} = 78341, 97.$

217º La mise de la première personne équivaut à $16000 \times 6 = 96000^{\text{fr}}$ pendant un an $+ 1000 \times 5 + 1000 \times 4 + 1000 \times 3 + 1000 \times 2 + 1000 = 15000^{\text{fr}}$ pendant un an ou 111000^{fr} pendant un an ; on verrait de même que la mise de la deuxième personne équivaut à $72000 + 22500 = 94500^{\text{fr}}$ pendant un an, et celle de la troisième, à $144000 - 30000 = 114000^{\text{fr}}$ pendant un an ; on aura alors :

Pour la 1re personne : $\dfrac{12000 \times 110000}{319500} = 4169, 01.$

Pour la 2me   » $\dfrac{12000 \times 94500}{319500} = 3549, 29.$

Pour la 3me   » $\dfrac{12000 \times 114000}{319500} = 4281, 70.$

218º $2 + 3 + 4 = 9$, on aura donc :

Pour la 1re partie : $\dfrac{7668 \times 2}{9} = 1704.$

Pour la 2me   » $\dfrac{7668 \times 3}{9} = 2556.$

Pour la 3me   » $\dfrac{7668 \times 4}{9} = 3408.$

219º Les nombres donnés $\dfrac{2}{3}$, $\dfrac{3}{5}$, $\dfrac{5}{8}$ et $\dfrac{4}{15}$ sont égaux à $\dfrac{80}{120}$, $\dfrac{72}{120}$, $\dfrac{75}{120}$, $\dfrac{32}{120}$ proportionnels aux nombres entiers 80, 72, 75 et 32 ; on aura donc :

Pour la 1re partie : $\dfrac{5670 \times 80}{259} = 1751 \dfrac{13}{37}.$

Pour la 2me   » $\dfrac{5670 \times 72}{259} = 1576 \dfrac{8}{37}.$

Pour la 3me   » $\dfrac{5670 \times 75}{259} = 1641 \dfrac{33}{37}.$

Pour la 4me   » $\dfrac{5670 \times 32}{259} = 700 \dfrac{20}{37}.$

220° $54000 + 60000 = 114000^{fr}$ ayant rapporté 48000^{fr} d'intérêt en 5 ans, 100^{fr} dans un an rapportent $\dfrac{48000}{5 \times 1140} = 8^{fr}, 42$. — Le taux demandé est donc $8^{fr}, 42$ %.

221° Il est clair qu'il suffit de partager 360 proportionnelle-ment aux vitesses des trois ouvriers ; or, la vitesse du premier étant représentée par 1, celle du second le sera par $\dfrac{2}{3}$ et celle du troisième par $\dfrac{2}{3} \times \dfrac{5}{6} = \dfrac{5}{9}$; or, ces trois vitesses 1, $\dfrac{2}{3}$ et $\dfrac{5}{9}$ sont proportionnelles aux nombres 9, 6 et 5 ; d'après cela on aura :

Pour l'ouvrage du 1er ouvrier $\dfrac{360 \times 9}{20} = 162$ mètres.

Pour l'ouvrage du 2me   » $\dfrac{360 \times 6}{20} = 108$ mètres.

Pour l'ouvrage du 3me   » $\dfrac{360 \times 5}{20} = 90$ mètres.

PROBLÈMES SUR LES RÈGLES D'ALLIAGE.

222° Le premier lingot contient $450 \times 0,85 = 382^g, 5$ d'ar-gent pur, le deuxième en contient $700 \times 0,9 = 630$, et le troisième, $845 \times 0,8 = 676$; le poids total d'argent pur contenu dans l'alliage sera donc $382^g, 5 + 630 + 676 = 1688^g, 5$; d'ailleurs le poids total de l'alliage est $450 + 700 + 845 = 1995^g$; le titre demandé est donc $\dfrac{1688,5}{1995} = 0,846$.

223° Le poids de l'alliage étant $500 + 800 + 945 = 2245^g$ et son titre $0,85$, le poids de l'argent pur qu'il contient est $2245 \times 0,85 = 1908^g, 25$; d'ailleurs les deux premiers lingots con-tiennent $500 \times 0,9 + 800 \times 0,95 = 450 + 760 = 1210^{gr}$, il y en avait donc $1908, 25 - 1210 = 698, 25$ dans le troisième lingot ; son titre était donc $\frac{698,25}{945} = 0,739$.

224° Sur les 372^k de bronze, il y a $\frac{372 \times 18}{168} = 39^k 74$ d'étain ; or, dans le bronze à canon 11^k d'étain correspondent à 111^k de bronze, 1^k correspond donc à $\frac{111}{11}$ et $39^k 74$ à $\frac{111 \times 39.74}{11} = 4646^k, 72$; comme il y a déjà 372^{kg} de métal, le poids du cuivre à ajouter est donc $4646^k, 72 - 372^k = 4274^k, 72$.

225° 540^{gr} au titre de $0,8$ contiennent 108^{gr} de cuivre ; la quantité d'argent pur qu'il faut ajouter à ces 108^{gr} pour que le titre de l'alliage résultant soit $0,85$ est égale à $\frac{108 \times 85}{15} = 36 \times 17 = 612^{gr}$. — Mais il est clair que si le titre obtenu en ajoutant ces 612^{gr} est $0,85$, ce titre ne changera pas, si on ajoute en même temps un poids quelconque d'un alliage au même titre. — Or, 1^{gr} au titre de $0,92$ contenant $0^{gr}, 08$ de cuivre, peut être considéré comme formé de $0^g, 08 + \frac{0,08 \times 85}{15} = 0, 08 + 0, 453 = 0^g, 533$ d'alliage au titre de $0,85$ [1], et il restera $1^g - 0, 533 = 0^g, 467$ d'argent pur, donc chaque fois qu'on ajoutera 1^{gr} d'alliage au titre $0,92$, on ajoutera $0^g, 467$ d'argent pur et un certain poids d'alliage au titre demandé, il faudra donc ajouter autant de grammes de cet alliage que $0,467$ est contenu de fois dans le poids 612^{gr} d'argent pur qu'il faut ajouter : $612 : 0,467 = 1310^g, 492$.

226° Le prix des 80^l à $0, 75$ est 60^{fr}, le prix des 120^l à $1^{fr}, 25$ est 150^{fr} ; le prix total est donc 210^{fr} pour $80 + 120 = 200^l$, et par suite le prix d'un litre est $210 : 200 = 1^{fr} 05$.

227° Le prix d'achat est $685 \times 0,60 = 411^{fr}$; le marchand veut gagner 140^{fr}, il devra donc revendre le tout 551^{fr}, comme son prix de vente est fixé à $0, 70^c$ le litre, il devra donc revendre $531 : 0, 70 = 758^l, 57$; comme il n'a que 685^l de vin, il devra ajouter $73^l, 57$ d'eau.

---

[1] $\frac{0, 08 \times 85}{15}$ représente le poids d'argent qui, avec 0 gr. 08 de cuivre, donne un titre de $0,85$ (voir le problème précédent.)

228° Le premier prix surpasse 0, 70° de 0, 10°, le second est inférieur à 0, 70° de 0, 16 ; il faudra mélanger les deux farines dans le rapport de 0, 16 à 0, 10 ou de 16 à 10, ou de 8 à 5. Ainsi si l'on prenait 32^k de la première farine, il faudrait en prendre 20 de la seconde.

229° Le prix des 18^k de cuivre est $2,50 \times 18 = 45^{fr}$, celui de l'étain est $3, 5 \times 2, 75 = 9^{fr}, 625$; le prix total des 21^k, 5 est donc $45 + 9, 625 = 54^{fr}, 625$ et celui de 1^k $\frac{54,625}{21,5} = 2^{fr}, 54$.

230° 20^{kg} d'antimoine valent $2, 75 \times 20 = 55^{fr}$; 80^{kg} de plomb $0, 60 \times 80 = 48^{fr}$, et 5^k de cuivre $2,50 \times 5 = 12^{fr}, 50$, — $20 + 80 + 5 = 105^{kg}$ de caractères d'imprimerie valent donc $55 + 48 + 12, 50 = 115^{fr}, 50$, et par suite 1^k vaut $\frac{115.50}{105} = 1^{fr}, 10$.

231° La valeur de 1^{gr} d'argent est $\frac{1 \text{ fr.}}{4.5} = \frac{10 \text{ fr.}}{45}$, celle de 5^{gr}, $\frac{50}{45} = 1^{fr} \frac{1}{9}$; la valeur de 1^{gr} d'or est $\frac{10}{45} \times \frac{31}{2} = \frac{31}{9} = 3^{fr} \frac{4}{9}$, celle de 3^{gr}, $10^{fr} \frac{3}{9}$. — La différence des deux valeurs est donc $10 \frac{3}{9} - 1 \frac{1}{9} = 9^{fr} \frac{2}{9}$. — La quantité d'argent à ajouter aux 3^{gr} d'or doit donc être telle que son poids soit supérieur de 2^{gr} au poids d'or à ajouter aux 5^{gr} d'argent, et que sa valeur soit inférieure de $9^{fr} \frac{2}{9}$ à la valeur de cette quantité d'or. — Comme 2^{gr} d'argent ont une valeur de $\frac{20}{45} = \frac{4 \text{ fr.}}{9}$, il s'agit de trouver deux poids égaux d'or et d'argent tels que le premier ait une valeur de $9^{fr} \frac{2}{9} + \frac{4}{9} = 9^{fr} \frac{6}{9}$ de plus que le second. — Or, 1^{gr} d'or vaut $\frac{31}{9} - \frac{2}{9} = \frac{29}{9}$ de plus qu'un gramme d'argent ; donc il faudra en sus de 2 grammes d'argent autant de grammes que $\frac{29}{9}$ est contenu de fois dans $9 \frac{6}{9} = \frac{87}{9}$; $\frac{87}{9} : \frac{29}{9} = \frac{87}{29} = 3$. — Il faudra donc ajouter 3^{gr} d'or et 5^{gr} d'argent.

DEUXIÈME PARTIE.

EXERCICES SUR L'USAGE DES LETTRES.

1°
$$\frac{a^3 + b^2 - c}{a - b} = \frac{8^3 + 6^2 - 20}{8 - 6} = \frac{512 + 36 - 20}{2} = \frac{528}{2} = 264.$$

2°
$$\frac{5^3 + 2^2 - 100}{5 - 2} = \frac{125 + 4 - 100}{3} = \frac{29}{3} = 9\,\frac{2}{3}.$$

3°
$$\frac{6^3 \times 5 - 4^2 + 6 \times 5 \times 4}{6^2 \times 4 - 5^2} - \frac{6^2}{4} = \frac{1080 - 16 + 120}{144 - 25} - \frac{36}{4} = \frac{1184}{119} - \frac{36}{4} = 9\,\frac{113}{119} - 9 = \frac{113}{119}.$$

4°
$$\frac{10^3 \times 5 - 8^2 + 10 \times 5 \times 8}{10^2 \times 8 - 5^2} - \frac{10^2}{8} = \frac{5000 - 64 + 400}{800 - 25} - \frac{100}{8} = \frac{5336}{775} - \frac{25}{2} = \frac{5336 \times 2 - 25 \times 775}{1550} = \frac{10672 - 19375}{1550} = -\frac{8703}{1550} = -5\,\frac{953}{1550}.$$

5°
$$\frac{6}{4} + \frac{10}{8} - \frac{6^2 \times 4^3}{10} + \frac{6 \times 6^2 \times 4^3 \times 10}{8} = \frac{6}{4} + \frac{5}{4} - \frac{36 \times 64}{10} + \frac{3 \times 36 \times 64 \times 10}{4} = \frac{55}{20} - \frac{72 \times 64}{20} + \frac{3 \times 36 \times 64 \times 50}{20} = \frac{345600 + 55 - 4608}{20} = \frac{341047}{20} = 170523\,\frac{1}{20}.$$

6° $a = c + d - b.$

$a = f + d + \dfrac{b}{c}.$

$a \times b = d - c \qquad a = \dfrac{d - c}{b}.$

$\dfrac{a \times b}{e^2} = g - c \qquad a \times b = (g - c) \times e^2.$

$a = \dfrac{(g - c) \times e^2}{b}.$

$\dfrac{a}{b} + c = g \times d \qquad \dfrac{a}{b} = g \times d - c \qquad a = b\,(g \times d - c.)$

$\dfrac{a \times b}{c} + d = f \times g \qquad \dfrac{a \times b}{c} = f \times g - d.$

$a \times b = c\,(f \times g - d) \qquad a = \dfrac{c\,(f \times g - d)}{b}.$

7° $a^2 \times a^5 = a^{2+5} = a^7.$

$a \times a^6 = a^{1+6} = a^7.$

$a^2 b^3 \times a^3 b^4 = a^2 \times a^3 \times b^3 \times b^4 = a^5 b^7.$

$ab \times a = a \times a \times b = a^2 b.$

$a^2 b^3 c \times a b^2 c^3 = a^2 \times a \times b^3 \times b^2 \times c \times \times c^3 = a^3 b^5 c^4.$

<hr>

EXERCICES SUR LES EXTRACTIONS DE RACINES.

8° $\sqrt{4227} = 65$ (reste $= 2.$)

$\sqrt{56493} = 237$ (reste $= 326.$)

$\sqrt{286789} = 535$ (reste $= 564.$)

$\sqrt{567,32} = 23$ (reste $= 38,32.$)

REMARQUE. — Dans cet exemple, non plus que dans les deux suivants, on ne doit s'occuper de la partie fractionnaire.

$\sqrt{2458\,\dfrac{3}{7}} = 49$ (reste $= 57\,\dfrac{3}{7}.$)

$$\sqrt{\frac{584}{32}} = \sqrt{18\tfrac{1}{4}} = 4 \ (\text{reste} = 2\tfrac{1}{4}.)$$

9° $\sqrt{564} = 23,7 \ (\text{reste} = 2,31.)$

$\sqrt{32428} = 180,0 \ (\text{reste} = 28.)$

$$\sqrt{\frac{347}{22}} = \sqrt{15,77} = 3,9 \ (\text{reste} = 0,56.)$$

$$\sqrt{58\tfrac{3}{7}} = \sqrt{58,42} = 7,6 \ (\text{reste} = 0,66.)$$

$\sqrt{245,35} = 15,6 \ (\text{reste} = 1,99.)$

$\sqrt{324,3} = \sqrt{324,30} = 18,0 \ (\text{reste} = 0,30.)$

$\sqrt{567,32} = 23,8 \ (\text{reste} = 0,88.)$

10° $\sqrt{32} = 5,65 \ (\text{reste} = 0,0775.)$

$\sqrt{45,6489} = 6,75 \ (\text{reste} = 0,0864.)$

$\sqrt{54,3} = \sqrt{54,3000} = 7,36 \ (\text{reste} = 0,1304.)$

$\sqrt{0,008} = \sqrt{0,0080} = 0,08 \ (\text{reste} = 0,0016.)$

$\sqrt{27,6432} = 5,25 \ (\text{reste} = 0,0807.)$

$$\sqrt{24\tfrac{3}{7}} = \sqrt{24,4285} = 4,94 \ (\text{reste} = 0,0249.)$$

$$\sqrt{\frac{2}{3}} = \sqrt{0,6666} = 0,81 \ (\text{reste} = 0,0105.)$$

$$\sqrt{\frac{5}{9}} = \sqrt{0,5555} = 0,74 \ (\text{reste} = 0,0079.)$$

11° $\sqrt{345} = \sqrt{\dfrac{345 \times 15^2}{15^2}} > \dfrac{278}{15} \ \text{et} < \dfrac{279}{15}.$

$\sqrt{54,2} = \sqrt{\dfrac{54,2 \times 15^2}{15^2}} > \dfrac{110}{15} \ \text{et} < \dfrac{111}{15}.$

$\sqrt{\dfrac{8}{15}} = \sqrt{\dfrac{8 \times 15}{15^2}} > \dfrac{10}{15} \ \text{et} < \dfrac{11}{15}.$

$\sqrt{\dfrac{9}{11}} = \sqrt{\dfrac{\frac{9}{11} \times 15^2}{15^2}} > \dfrac{13}{15} \ \text{et} < \dfrac{14}{15}.$

$\sqrt{0,254} = \sqrt{\dfrac{0,254 \times 15^2}{15^2}} > \dfrac{7}{15} \ \text{et} < \dfrac{8}{15}.$

12° 23 diminué d'une unité représente le double du plus petit nombre; les deux nombres demandés sont donc 11 et 12.

13° $\sqrt[3]{35649} > 32$ et < 33 (reste $= 2281.$)

$\sqrt[3]{384568} > 72$ et < 73 (reste $= 11320.$)

$\sqrt[3]{58976432} > 389$ et < 390 (reste $= 112563.$)

$\sqrt[3]{5897\frac{2}{7}} > 18$ et $< 19.$

$\sqrt[3]{56,43} > 3$ et $< 4.$

$\sqrt[3]{0,47} > 0$ et $< 1.$

14° $\sqrt[3]{542} > 8,1$ et $< 8,2.$

$\sqrt[3]{324,548} > 6,8$ et $< 6,9.$

$\sqrt[3]{32,37} = \sqrt[3]{32,270} > 3,1$ et $< 3,2.$

$\sqrt[3]{56,4897} > 3,3$ et $< 3,4.$

$\sqrt[3]{0,478} = > 0,7$ et $< 0,8.$

$\sqrt[3]{35\frac{4}{9}} = \sqrt[3]{35,444} > 3,2$ et $< 3,3.$

$\sqrt[3]{\frac{2}{3}} = \sqrt[3]{0,666} > 0,8$ et $< 0,9.$

$\sqrt[3]{\frac{1}{15}} = \sqrt[3]{0,066} > 0,4$ et $< 0,5.$

$\sqrt[3]{358} > 7,1$ et $< 7,2.$

$\sqrt[3]{37,326489} > 3,3$ et $< 3,4.$

$\sqrt[3]{56,4545} > 3,8$ et $< 3,9.$

$\sqrt[3]{5,3289654} > 1,7$ et $< 1,8.$

$$\sqrt[3]{56\,\tfrac{3}{7}} = \sqrt[3]{56,428} > 3,8 \text{ et } < 3,9.$$

$$\sqrt[3]{\tfrac{524}{29}} = \sqrt[3]{18,068} > 2,6 \text{ et } < 2,7.$$

$$\sqrt[3]{0,045} > 0,3 \text{ et } < 0,4.$$

$$\sqrt[3]{0,00085} > 0 \text{ et } < 0,1.$$

$$\sqrt[3]{\tfrac{3}{7}} = \sqrt[3]{0,428} > 0,7 \text{ et } < 0,8.$$

15° $$\sqrt[3]{37} = \sqrt[3]{\tfrac{37 \times 7^3}{7^3}} = \sqrt[3]{\tfrac{12591}{7^3}} > \tfrac{23}{7} \text{ et } < \tfrac{24}{7}.$$

$$\sqrt[3]{45,8} = \sqrt[3]{\tfrac{37 \times 7^3}{7^3}} > \tfrac{25}{7} \text{ et } < \tfrac{26}{7}.$$

$$\sqrt[3]{\tfrac{0,23 \times 73}{7^3}} = \sqrt[3]{\tfrac{78,89}{7^3}} > \tfrac{4}{7} \text{ et } < \tfrac{5}{7}.$$

$$\sqrt[3]{\tfrac{3}{7}} = \sqrt[3]{\tfrac{83 \times 7^2}{73}} = \sqrt[3]{\tfrac{147}{7^3}} > \tfrac{5}{7} \text{ et } < \tfrac{6}{7}.$$

$$\sqrt[3]{\tfrac{32}{49}} = \sqrt[3]{\tfrac{32 \times 7}{7^3}} = \sqrt[3]{\tfrac{224}{7^3}} > \tfrac{6}{7} \text{ et } < \tfrac{7}{7} = 1.$$

$$\sqrt[3]{\tfrac{8}{11}} = \sqrt[3]{\tfrac{\tfrac{8}{11} \times 7^3}{7^3}} > \tfrac{6}{7} \text{ et } < \tfrac{7}{7} = 1.$$

EXERCICES SUR LES PROPORTIONS.

16° $x = 24 + 5 - 8 = 21.$

17° $x = 9 + 27 - 12 = 36 - 12 = 24.$

18° $x = 9 + 12\,\tfrac{5}{7} - 5\,\tfrac{3}{4} = 9 + \tfrac{89}{7} - \tfrac{23}{4} =$

$$\tfrac{252 + 356 - 161}{28} = \tfrac{447}{28} = 15\,\tfrac{27}{28}.$$

$$19^o \quad x = \frac{9 + 35}{2} = \frac{44}{2} = 22.$$

$$20^o \quad x = \frac{\frac{1}{2} + \frac{4}{5}}{2} = \frac{5 + 8}{10 \times 2} = \frac{13}{20}.$$

$$21^o \quad x = \frac{48 + 0}{36} = \frac{48}{4} = 12.$$

$$22^o \quad x = \frac{4 \times 45}{12} = \frac{45}{3} = 15.$$

$$23^o \quad x = \frac{\frac{7}{12} \times 5\frac{7}{8}}{2\frac{3}{4}} = \frac{\frac{7}{12} \times \frac{47}{8}}{\frac{11}{4}} = \frac{7 \times 47 \times 4}{12 \times 8 \times 11}$$

$$= \frac{7 \times 47}{12 \times 2 \times 11} = \frac{329}{264}.$$

$$24^o \quad x = \sqrt{16 \times 144} = 4 \times 12 = 48.$$

$$25^o \quad x = \sqrt{\frac{4}{9} \times \frac{16}{625}} = \frac{2}{3} \times \frac{4}{25} = \frac{8}{75}.$$

EXERCICES SUR LES PROGRESSIONS.

26° 1° Elle paiera le dernier mois $150 + 50 \times 15 = 900^{fr}$.

2° Elle paiera en tout $\dfrac{(150 + 900) \times 16}{2} = 8400^{fr}$.

27° 1° Elle paiera le dernier mois $150 \times 2^9 = 150 \times 512 = 76800^{fr}$.

2° Elle paiera en tout $\dfrac{76800 \times 2 - 150}{2 - 1} = 153450^{fr}$.

28° La personne dans ses dix paiements donnera dix fois $80^{fr} = 800^{fr}$, plus l'accroissement constant répété $(1+2+3+\text{------}+9)$ fois ou $\dfrac{(1 + 9) \times 9}{2} = 45$ fois ; or la somme totale payée est 1750^{fr} ; si donc de 1750^{fr} on retranche 800^{fr}, la différence 950^{fr}

représentera 45 fois l'accroissement; cet accroissement est donc

égal à $\dfrac{950}{45} = \dfrac{190}{9} \times \dfrac{190}{9} = 21^{\text{fr}}\,\dfrac{1}{9}$.

29° Pour le dixième mètre de profondeur, l'ouvrier reçoit $1,50 + 0,50 \times 9 = 1,50 + 4,50 = 6^{\text{fr}}$, et par suite pour les dix premiers mètres, l'ouvrier reçoit $\dfrac{(1,50 + 6.) \times 10}{2} = 37^{\text{f}}, 50$. Le puits a donc plus de 10^{m} de profondeur. Pour le vingtième mètre, l'ouvrier reçoit $1,50 + 0,50 \times 19 = 11^{\text{fr}}$, et par suite pour les vingt premiers mètres $\dfrac{(1,50 + 11) \times 20}{2} = 125^{\text{fr}}$, le puits a donc aussi plus de 20^{m} de profondeur. Pour le trentième mètre, l'ouvrier reçoit $1,50 + 0,50 \times 29 = 16^{\text{fr}}$, et par suite pour les trente premiers mètres $\dfrac{(1\,50 + 16) \times 30}{2} = 262^{\text{f}}, 50$. Comme il n'a reçu que $187^{\text{fr}}, 50$, le puits a donc moins de 30^{m}. — Prenons un nombre intermédiaire 25 entre 20 et 30; pour le vingt-cinquième mètre, l'ouvrier a reçu $1,50 + 0,50 \times 24 = 13,50$, et pour les 25 premiers mètres $\dfrac{(1\,50 + 13,50) \times 25}{2} = 7,50 \times 25 = 187^{\text{f}}, 50$. Le puits a donc 25^{m} de profondeur.

Si l'on n'avait pas obtenu ainsi le nombre donné $187^{\text{f}}, 50$, en ajoutant successivement ou retranchant les prix des mètres suivants ou précédents, on aurait obtenu facilement le nombre cherché.

Remarque. On ne peut résoudre directement ce problème qu'à l'aide d'une équation du second degré; on obtient ainsi pour le nombre cherché $\sqrt{\dfrac{25}{4} + 750} - \dfrac{5}{2} = \dfrac{55}{2} - \dfrac{5}{2} = \dfrac{50}{2} = 25$.

30° Puisque la somme des termes est égale à la somme des extrêmes multipliée par la moitié du nombre des termes, $\dfrac{15400}{44} = 350$ représente la somme des extrêmes; et, comme le dernier terme est 262, le premier est $350 - 262 = 88$.

31° Cette somme est égale à $\dfrac{(200 + 1) \times 200}{2} = 20100$.

32° La pierre parcourt :

Dans la 1re seconde, $4^m, 9$.

Dans la 2e seconde, $4^m, 9 + 9,8$.

Dans la 3e seconde, $4^m, 9 + 2 \times 9, 8$.

Dans la 4e seconde, $4^m, 9 + 3 \times 9, 8$.

. . . .

Dans la 15e seconde, $4^m, 9 + 14 \times 9, 8$.

Et par suite dans les 15 secondes, l'espace parcouru sera

égal à $\dfrac{(4,9 + 4,9 + 14 \times 9,8) \times 15}{2} = \dfrac{(9,8 + 14 \times 9,8) \, 15}{2} =$

$\dfrac{(15 \times 9,8) \times 15}{2} = \dfrac{9, 8}{2} \times 15^2 = 1102^m, 50$.

33° Dans le problème précédent, on peut remarquer que l'espace parcouru est égal au carré du temps multiplié par $\dfrac{9.8}{2} =$ 4, 9; si donc on divise l'espace parcouru, 840^m par $4, 9$, le quotient représentera le carré du temps, et, en extrayant la racine carrée du quotient, on aura le temps cherché; en opérant, on trouve ainsi $13'', 06$.

34° Le huitième terme demandé est $6 \times 4_7 = 6 \times 16384 = 98304$.

35° La raison de la progression cherchée est $\dfrac{122 - 72}{26} = \dfrac{50}{26}$ $= 1 \dfrac{12}{13}$.

36° La raison de la progression cherchée est $\sqrt[3]{\dfrac{294}{26}} =$ $\sqrt[3]{11,307692\ldots} = 2, 24$.

37° La raison cherchée est $\sqrt[4]{\dfrac{576}{9}} = \sqrt[4]{64} = \sqrt{\sqrt{64}}$ $= \sqrt{8} = 2, 83$.

38° Le prix demandé est la somme des 32 termes d'une progression géométrique dont le premier terme est 0,01 et la raison 2. — On a pour le dernier terme de cette progression $0,01 \times 2^{31}$ et pour la somme cherchée $\dfrac{0,01 \times 2^{32} - 0,01}{2 - 1} =$ $42949672^f, 95$.

39° Le nombre de grains demandé est la somme des termes d'une progression géométrique dont le premier terme est 1 , la raison 2 et le nombre des termes 64 ; le dernier terme de cette progression est 2^{63} et le nombre de grains demandé $\dfrac{2^{63} \times 2 - 1}{2 - 1}$ $= 2^{64} - 1 = 18446744073709551615$.

40° Soit a le premier de ces nombres entiers et n leur nombre, le dernier sera $a + n - 1$ et la somme des termes $\dfrac{(a + a + n - 1) \times n}{2} = \dfrac{2a + n - 1}{2} \times n$; or, n étant un nombre impair, $n - 1$ est pair et $2a + n - 1$ est pair, et par suite $\dfrac{2a + n - 1}{2}$ est un nombre entier ; la somme demandée est donc égale à n multiplié par un nombre entier, et par suite elle est divisible par n.

EXERCICES SUR LES LOGARITHMES.

41° 1° $\text{Log.} \sqrt[5]{a^2 b^3 c} = \dfrac{1}{5} (2 \log. a + 3 \log. b + \log. c)$ $= \dfrac{2}{5} \log. a + \dfrac{3}{5} \log. b + \dfrac{1}{5} \log. c.$

2° $\text{Log.} \sqrt[6]{\dfrac{a^2 b}{c^3}} = \dfrac{1}{6} (2 \log. a + \log. b - 3 \log. c) =$ $\dfrac{1}{3} \log. a + \dfrac{1}{6} \log. b - \dfrac{1}{2} \log. c.$

3° $\text{Log.} \sqrt[7]{\dfrac{ab \sqrt{c}}{c}} = \dfrac{1}{7} (\log. a + \log. b + \dfrac{1}{2} \log. c$ $- \log. c) = \dfrac{1}{7} \log. a + \dfrac{1}{7} \log. b - \dfrac{1}{14} \log. c.$

4° $\mathrm{Log.} \sqrt[5]{\dfrac{a\sqrt[3]{b^2c}}{b\sqrt{ac^3}}} = \dfrac{1}{5}\left(\log. a + \dfrac{2}{3}\log. b + \dfrac{1}{3}\log. c\right.$

$-\log. b - \dfrac{1}{2}\log. a - \dfrac{3}{2}\log. c) = \dfrac{1}{5}\left(\dfrac{1}{2}\log. a - \dfrac{1}{3}\log. b\right.$

$-\dfrac{7}{6}\log. c) = \dfrac{1}{10}\log. a - \dfrac{1}{15}\log. b - \dfrac{7}{30}\log. c.$

5° $\mathrm{Log.} \sqrt[6]{\dfrac{a^2b^3}{\sqrt{c}}} \times \sqrt{a^3b^3} = \dfrac{1}{6}(2\log. a + 3\log. b$

$-\dfrac{1}{2}\log. c) + \dfrac{1}{2}(3\log. a + 3\log. b) = \dfrac{\log. a}{3} + \dfrac{\log. b}{2} -$

$\dfrac{1}{12}\log. c + \dfrac{3}{2}\log. a + \dfrac{3}{2}\log. b = \dfrac{11}{6}\log. a + 2\log. b -$

$\dfrac{1}{12}\log. c.$

6° $\mathrm{Log.} \dfrac{\sqrt[5]{a^2b^3\sqrt[3]{c^2}}}{\sqrt{a^3bc^5}} = \dfrac{1}{5}(2\log. a + 3\log. b +$

$\dfrac{2}{3}\log. c) - \dfrac{1}{2}(3\log. a + \log. b + 5\log. c) = \dfrac{2}{5}\log. a +$

$\dfrac{3}{5}\log. b + \dfrac{2}{15}\log. c - \dfrac{3}{2}\log. a - \dfrac{1}{2}\log. b - \dfrac{5}{2}\log c =$

$\dfrac{1}{10}\log. b - \dfrac{11}{10}\log. a - \dfrac{71}{30}\log. c.$

7° $\mathrm{Log.} \sqrt[4]{\dfrac{a^3b^3\sqrt{\dfrac{a^3}{c}}}{\sqrt{a^3}\times\sqrt[4]{\dfrac{b^2}{c^3}}}} = \dfrac{1}{4}\left[3\log. a + 3\log. b +\right.$

$\dfrac{1}{2}(3\log. a - \log. c) - \dfrac{3}{2}\log. a - \dfrac{1}{4}(2\log. b - 3\log. c)\Big]$

$= \dfrac{3}{4}\log. a + \dfrac{3}{4}\log. b + \dfrac{3}{8}\log. a - \dfrac{1}{8}\log. c - \dfrac{3}{8}\log. a$

$-\dfrac{1}{8}\log. b + \dfrac{3}{16}\log. c = \dfrac{3}{4}\log. a + \dfrac{5}{8}\log. b +$

$\dfrac{1}{16}\log. c.$

42º Log. 32 = 1,50515.

Log. 728 = 2,86213.

Log. 8425 = 3,92557.

Log. 8425, 65 = 3,9256025.

Log. 84256534 = 7,9256026.

Log. 84,2565 = 1,9256025.

Log. 0,842565 = $\overline{1}$,9256025.

Log. 0,032 = $\overline{2}$,50515.

Log. 0,000728 = $\overline{4}$,86213.

Log. $\dfrac{3}{4}$ = log. 0,75 = $\overline{1}$,87506.

Log. $\dfrac{5}{7}$ = log. 0,71428 = $\overline{1}$,85387.

Log. $\dfrac{5}{7}$ = log. 5 — log. 7 = log. 5 + log. 7 — 10 =

0,69897 + 9,15490 — 10 = $\overline{1}$,85387.

Log. $\dfrac{254}{43}$ = log. 254 — log. 43 = 2,40483 — 1,63347

= 0,77136.

43º 3,68958 = log. 4893.

2,68958 = log. 489,3.

4,68958 = log. 48930.

$\overline{1}$,68958 = log. 0,4893.

$\overline{3}$,68958 = log. 0,004893.

3,42697 = log. 2672,8128.

2,42697 = log. 267,28128.

4,42697 = log. 26728,128.

$\overline{1}$,42697 = log. 0,26728128.

$\overline{3}$,42697 = log. 0,0026728128.

PROBLÈMES SUR LES INTÉRÊTS COMPOSÉS.

44° Elle devient $3000 \times 1,05_4 = 3645^{fr}, 52$.

45° Il faut à ce qu'est devenue la somme ajouter les intérêts simples de $3645^{fr}, 52^c$ pendant 5 mois et 9 jours ou $80^{fr} 50$; la somme demandée est donc $3726^{fr}, 02$.

46° Puisque la somme de 3000^{fr} est devenue $3646^{fr} 52^c$ en 4 ans, l'intérêt rapporté est $3645, 52 - 3000 = 645^{fr} 52^c$.

47° La somme demandée est égale à $\dfrac{5842}{1,06_5} = 4365^{fr}, 30^c$.

48° Le temps cherché est donné par l'expression suivante : $\dfrac{\log. 9428, 40 - \log. 5842, 25}{\log. 1,06}$, le quotient est 8, plus une fraction. — Il faut donc 8 ans et quelque chose; pour obtenir la partie fractionnaire, comme les intérêts ne sont composés que d'année en année, il faut chercher ce que devient la somme $5842^{fr} 25^c$ au bout de 8 ans et calculer le temps pendant lequel la somme trouvée devra rester placée pour rapporter ce qui lui manque pour valoir la somme $9428^{fr}, 40^c$. — $5842^{fr} 25^c$ en 8 ans deviennent $5842^{fr} 25^c \times 1,06_8 = 9312^{fr}, 40. 9428, 40 - 9312, 40 = 116^{fr}$. — Or, en 360 j, $9312^{fr} 40^c$ rapportent $9312, 4 \times 0, 06$. — Pour rapporter 1^{fr}, il faudra donc $\dfrac{360}{9312, 4 \times 0,06}$ et pour en rapporter 116 $\dfrac{360 \times 116}{9312, 4 \times 0 06} = 75 j = 2^m 15 j$. Le temps demandé est donc $8^a 2^m 15 j$.

49° La somme $5842^{fr} 25^c$ rapportant $3586^{fr} 15^c$ d'intérêt, devient $9428, 40$, et l'on est ramené à l'énoncé du problème précédent.

50° On aura pour 1^{fr} augmenté de son intérêt pendant un an, $\log. (1 + r) = \dfrac{\log. 3550 f. - \log. 2845}{3} = \dfrac{3,55025 - 3,45408}{3} = 0,03205$, d'où $1 + r = 1,0766$, donc $r = 0,0766$ et par suite 100^{fr} rapportent $7^{fr}, 66^c$ dans un an.

51º La somme 2845fr rapportant 705fr d'intérêt devient 3550fr ; on est donc ramené à l'énoncé du problème précédent.

52º Dans le cas où la somme A est le double de la somme placée, la formule générale devient $2a = a (1 + r)^n$, d'où $2 = (1,05)^n$ et par suite $n \log. 1,05 = \log. 2$ d'où $n = \dfrac{\log. 2}{\log. 1,05} = \dfrac{0,30103}{0,02119} = 14^a$ et un peu plus de 2 mois.

53º En raisonnant comme dans le problème précédent, on arrive à l'expression $n = \dfrac{\log. 3}{\log. 0,03} = \dfrac{0,47712}{0,02531} = 18^a$ et un peu plus de 10 mois.

FIN.

www.ingramcontent.com/pod-product-compliance
Ingram Content Group UK Ltd.
Pitfield, Milton Keynes, MK11 3LW, UK
UKHW020020080726
13614UKWH00003B/1482